U0601743

阅读成就思想……

Read to Achieve

怀疑

破解天才困惑与凡人焦虑的心理谜题

［英］杰弗里·贝蒂（Geoffrey Beattie）◎ 著　张蔚 ◎ 译

A Psychological Exploration

中国人民大学出版社

· 北京 ·

图书在版编目（CIP）数据

怀疑：破解天才困惑与凡人焦虑的心理谜题 / （英）
杰弗里·贝蒂（Geoffrey Beattie）著；张蔚译.
北京：中国人民大学出版社，2025. 7. -- ISBN 978-7
-300-34004-3

Ⅰ. B84-49

中国国家版本馆 CIP 数据核字第 20259BV021 号

怀疑：破解天才困惑与凡人焦虑的心理谜题

［英］杰弗里·贝蒂（Geoffrey Beattie） 著

张 蔚 译

HUAIYI : POJIE TIANCAI KUNHUO YU FANREN JIAOLÜ DE XINLI MITI

出版发行	中国人民大学出版社	
社 址	北京中关村大街 31 号	**邮政编码** 100080
电 话	010-62511242（总编室）	010-62511770（质管部）
	010-82501766（邮购部）	010-62514148（门市部）
	010-62511173（发行公司）	010-62515275（盗版举报）
网 址	http://www.crup.com.cn	
经 销	新华书店	
印 刷	天津中印联印务有限公司	
开 本	720 mm×1000 mm 1/16	**版 次** 2025 年 7 月第 1 版
印 张	17.25 插页 1	**印 次** 2025 年 7 月第 1 次印刷
字 数	195 000	**定 价** 79.90 元

版权所有　　　侵权必究　　　印装差错　　　负责调换

马 皑

中国政法大学犯罪心理学研究中心主任

在怀疑的迷雾中寻找人性的微光

在人类心智的迷宫中，怀疑始终是最神秘的向导。

当我的学生张蔚博士邀请我为这本新的译著撰写推荐序时，距离上一次我为他的译著《罪心理：犯罪心理学 10 项经典研究》作序刚好整一年时间。但这一次，有两点让我惊讶。

一方面，张蔚在译著上有了新的突破，之前的数本犯罪心理学领域的著作和译著，已经使他在专业方向上有了比较多的累积，而现在，在犯罪心理学领域之外，也有了自己独特的理解和感悟。不断突破似乎是好多年来他一贯的模式和自我要求，这让人在惊讶之际，期待下一次的无限可能。

另一方面，是我发现杰弗里·贝蒂这位以非言语沟通研究著称的学者，竟将学术锋芒转向了心理学领域最幽微的角落，即本书的核心——怀疑。翻开《怀疑：破解天才困惑与凡人焦虑的心理谜题》这本书，犹如推开一扇通往人性深层的暗门，那些我们羞于启齿的犹豫、自我质疑与存在困惑，都在贝蒂的笔下获得了尊严的栖身之所。

D怀疑：破解天才困惑与凡人焦虑的心理谜题
oubt: A Psychological Exploration

　　这部作品最令人震撼的是，它打破了传统心理学对怀疑的病理化解读。在弗洛伊德诊所的躺椅上，怀疑是神经症的产物；在认知实验室的屏幕前，怀疑是决策偏差的副产品。但贝蒂带领我们穿越荣格的梦境森林，漫步卡夫卡的父子战场，最终发现，怀疑是人类区别于其他物种的精神痕迹。当黑猩猩面对镜像陷入困惑，当海豚在声呐回波中迷失方向，只有人类能在自我怀疑的深渊中锻造出哈姆雷特式的存在之思。这种独特的心理机制，既是普罗米修斯盗火的代价，也是文明进步的阶梯。

　　书中对卡夫卡《致父亲》的剖析堪称精神分析的典范。我们看见那个蜷缩在更衣室角落的瘦弱男孩，如何在父亲的阴影下将自我怀疑淬炼成文学利刃。但贝蒂的洞见不止于此，他揭示了一个令人战栗的真相，正是这种病态的自省，让卡夫卡提前半个世纪预见了现代人的存在困境。当数字时代的我们被困在社交媒体的双重束缚中，在点赞与取消关注的间隙重复着卡夫卡式的精神痉挛，方知怀疑不仅是心理创伤，更是时代先知的特异体质。

　　在科学与叙事的交织处，作者同样展现了跨学科研究的独特魅力。他带我们走进谢菲尔德的外星人目击者客厅、那些平凡至极的细节描述、霓虹灯管与厨房瓷砖的类比、炸鱼薯条店前的偶遇，构成了后真相时代最精妙的精神分析样本。当认知失调理论在不明飞行物叙事中复活，当防御机制在阴谋论传播中显形，我们突然就理解了一个道理，怀疑的缺席比怀疑本身更危险。这种对非常态心理的常态化解剖，使本书成为理解当代病毒式信息传播的必备手册。

　　另外，本书中有一部分是特别值得心理学从业者，甚至每个人关注的，即书中关于治疗可能性的探讨。在布伦丹·英格尔（Brendan Ingle）拳击馆，当世界冠军在童谣吟唱中完成心理蜕变，我们目睹了怀疑转化的魔幻时刻。在心理矫治的实践领域，也同样有很多类似的情况。比如，当强迫症患者不再反复检查门锁，其实并不是因为患者完全消除了怀疑，而是学会了与怀疑共舞。贝蒂提出的"怀疑生态学"概念，为心理干预开辟了新的维度，重要的不是根除怀疑，而是培育健康的怀疑平衡与对抗系统。

在气候变化怀疑论的解剖中，本书同样展现出惊人的现实穿透力。贝蒂像司法心理学家一样追踪怀疑的武器化过程，揭露了香烟公司如何将科学质疑异化为利润工具。这种"怀疑炼金术"的揭示，不仅是对商业操纵的控诉，更是对学术共同体的警示。当我们在实验室里解构人性时，资本早已在流水线上批量生产精神鸦片。这种跨界的批判视角，使本书超越了传统心理学著作的范畴。

本书还有一个特点，就是除了各种知名人士的案例剖析之外，还有作者本人作为叙事者出现的双重身份。当他描述自己在超市豌豆货架前的窘迫时，学术权威的面具悄然滑落，露出每个现代人共有的精神胎记。这种学者与患者的身份重叠，恰是本书最具革命性的方法论突破，在理性分析与感性体验的纠缠中，我们终于看清，怀疑不是需要治愈的病症，而是值得敬畏的人性之光。

谨以此序，邀请各位读者踏上这场怀疑的奥德赛之旅。从与众不同的心理学视角去看待我们每天都可能在触碰与经历的内心角落与矛盾思索。

马皑

2025 年 3 月 10 日于北京

译者序

张　蔚

　　当"怀疑"这个词语在脑中翻涌时，我们似乎总在经历一场微妙的认知震颤。在翻译杰弗里·贝蒂这部《怀疑：破解天才困惑与凡人焦虑的心理谜题》的过程中，我越发觉得这本书和小时候玩的一个科学玩具很像，一个放在阳光下的棱镜可以折射出多彩的光，而这部著作恰似这样一面思想棱镜，将人类精神世界中最隐秘的褶皱照得通透。

　　在这个崇尚确定性的时代，我们习惯性地将怀疑视为需要克服的弱点。正如贝蒂在开篇所揭示的悖论：当整个社会都在推崇"相信"与"坚定"时，那些推动文明进程的怀疑者却往往被贴上"异端"的标签。这种集体无意识的压抑，使得怀疑如同暗流，在意识的海面下塑造着认知的洋流。书中通过卡夫卡与父亲的情感角力，生动展现了这种压抑如何转化为创造力的源泉——那位在书信中控诉父权压迫的作家，恰恰在自我怀疑的泥沼中淬炼出了现代主义文学的锋芒。

　　作为犯罪心理学研究者，我最初带着学术的审视翻开这本著作，却意外踏入了一场充满文学张力的精神考古。贝蒂以小说家的叙事天赋，将笛卡尔的哲学怀疑、荣格的集体无意识探索、毕加索的艺术自信等案例编织成网。当读到图灵在密码破译与性别认同的双重怀疑中挣扎时，我突然意识到，怀疑从来不是简单的认知判断，而是个体与社会、理性与情感、历史与当下的多重共振。这种跨学科的叙事策略，恰如荣格笔下的"共时性"现象，让心理学理论在具体生命的褶皱中显影。

书中令我最为震撼的是，对怀疑二元性的解构。在超市豌豆罐头的选择困境里，我们看到的不仅是决策焦虑的微观样本，更是现代人存在困境的隐喻。贝蒂以自身经历为引线，将日常生活中的犹豫不决与气候变化怀疑论、外星人接触妄想等宏观命题并置，揭示出怀疑作为认知工具与心理症状的双重面孔。这种叙事策略让我想起弗洛伊德的诊疗室——当个案的特殊性与理论的普遍性相遇，精神分析的躺椅便成了观察人性的棱镜。

翻译过程中的煎熬，恰恰缘于这种认知的颠覆性。当我们习惯用"自我效能感""冒名顶替综合征"等术语解构怀疑时，贝蒂却带领读者穿越谢菲尔德的外星人目击现场，直面认知失调的鲜活样本。那位坚信外星人来访的主妇，她的叙事策略何尝不是人类对抗存在焦虑的原始智慧？这种将临床心理学与田野调查熔于一炉的写法，打破了学术写作的窠臼，让怀疑研究回归到具体而微的生命体验。

贝蒂的笔触时而如精神分析师般抽丝剥茧，时而如小说家般铺陈细节，这种文体的流动性本身就在诠释怀疑的多重维度。当卡夫卡的书信体独白与拳击教练的行为疗法并置，当笛卡尔的哲学沉思与普通人的日常困惑交织，我们看到的不仅是怀疑的普遍性，更是其作为认知基模的文化塑性。

这部著作最深刻的启示或许在于，它重新定义了怀疑的心理价值。在气候变化怀疑论者与新冠疫苗质疑者的案例中，贝蒂揭示了一个残酷的真相：怀疑既是科学精神的火种，也可能沦为认知偏见的温床。这种悖论指向了怀疑研究的终极命题，当我们在实验室里测量脑电波的变化时，是否遗忘了怀疑作为文化现象的历史重量？当临床诊断将怀疑病理化为"疑病症"时，是否消解了它作为文明推动力的哲学意义？

译毕掩卷，窗外的深圳正阴云密布。阳光在阴云间的不断流转，恰似人类在确定性追求与怀疑精神之间的永恒摇摆。这部译作带给我的不仅是学术启迪，更是一次认知范式的革新，它教会我们用故事的显微镜观察怀疑的细胞结构，用叙事的望远镜丈量怀疑的文明尺度。在这个后真相时代，或许我们需要的不是消除怀疑的乌托邦，而是培养与怀疑共处的智慧。正如荣格说过的箴言："怀疑不是需要驱散的迷雾，而是应该拥抱的黎明前奏。"

2024 年 10 月 10 日于深圳

目录

01 怀疑：人性的双刃剑 / 1

从笛卡尔的"我思故我在"到卡夫卡的自我怀疑之殇，怀疑既是推动人类进步的理性之光，也是深陷自我困境的心理枷锁。

02 独自怀疑：成长的迷茫与心理的抉择 / 29

怀疑既是成长的枷锁，也是自我探索的钥匙。年少时的作者见证了怀疑如何在创伤与不确定性中塑造一个人的命运。

03 荣格的梦：怀疑与心灵的觉醒 / 51

从对弗洛伊德的批判到对自身梦境的解读，荣格用怀疑重塑了心理学的边界，揭示了无意识的力量如何在怀疑中塑造一个人的理论与命运。

04 感觉自己像个骗子：冒名顶替综合征的心理剖析 / 71

从卡夫卡的"骗子"恐惧到现代学术界的自我怀疑，冒名顶替综合征揭示了内卷和成功背后的深层焦虑。

05 "我，就是王"：毕加索与怀疑的抗争 / 99

毕加索以无畏的自信和原始的迷信思维重塑自我，揭示了怀疑与自信如何在天才的土壤中交织，成就非凡的艺术与人生。

06 生活没有疑问的危险：图灵与怀疑的双刃剑 / 131

从对自我能力的犹疑到对人际关系的盲目自信，通过图灵伟大而又悲惨的一生揭示了怀疑既能成为创新的催化剂，也可能在不经意间摧毁一个人的未来。

07 "治疗性"地解决怀疑：拳击手的自信与恐惧 / 151

在拳击台上，布伦丹·英格尔用独特的训练方法将一个充满恐惧的男孩培养成世界冠军纳西姆·哈米德，却也揭示了当怀疑被彻底消除时，傲慢与脆弱或许会悄然降临。

08 来自制造业的疑问：烟草、心理操纵与健康危机 / 185

从迪希特的潜意识营销到艾森克的虚假辩论，这场心理战揭示了科学被滥用的危险，以及怀疑如何成为商业利益的帮凶。

09 我们的家园在燃烧：怀疑、心理偏差与气候危机 / 233

从科学的不确定性到个人的乐观偏差，从政治的意识形态分歧到媒体的平衡误导，怀疑被用作武器，阻碍了行动的步伐。只有正视怀疑背后的心理根源，我们才能真正拯救这个燃烧的家园。

10 结语：怀疑的力量与心理探索的旅程 / 253

怀疑在塑造我们身份的同时，也被利益集团用作操纵的工具。这是一场关于怀疑的心理探索，揭示了它如何在理性与非理性之间摇摆，影响我们的生活、选择和未来。

01

DOUBT

怀疑

人性的双刃剑

怀疑是指对某事或某人（包括自己）缺乏信心或充满不确定感。它是科学、法律、伦理、政治和哲学的核心，所有这些领域都涉及针对怀疑而精心设计且反复推敲的对抗过程，以便根据现有证据促进、考虑和评估怀疑。笛卡尔在他的哲学研究中就曾将笛卡尔式怀疑论（即怀疑一切或怀疑自己信仰的真实性的过程），作为一种方法论工具。但与此同时，怀疑也是自我的核心：它可以是一种保护机制，也可以是一种干扰；它可以是理性的，也可以是非理性的；它可以是系统的，也可以是随机的；它可以是健康的，也可以是病态的。强迫症有时也被称为"怀疑病"。根据弗洛伊德的说法，强迫性神经官能症患者"对生活中的不确定性或怀疑存在着某种需求"。他们被矛盾的心理或情绪麻痹，被两种指向同一目标的本能冲动（爱和恨）紧紧束缚住。

在写给露·安德烈亚斯－莎乐美①（Lou Andres-Salome）的一封著名信件中，弗洛伊德在其知名的"鼠人"（Rat Man）病例研究中将怀疑推测成症状的病因。"鼠人"这个绰号是弗洛伊德给恩斯特·兰泽尔（Ernst Lanzer）律师起的，与兰泽尔经常不由自主地对老鼠产生噩梦般的想法有关。据说古代中国人对囚犯使用一种特别可怕的酷刑，就是行刑人会将一

---

① 露·安德烈亚斯－莎乐美 1861 年生于俄国圣彼得堡一贵族家庭，其父是沙皇手下非常显赫的将军。50 岁时，她结识了精神分析学大师弗洛伊德，并拜他为师。——译者注

只老鼠困在一个罐子里，并将罐子固定在囚犯的屁股上，老鼠在罐子里跑不出去，自然会撕咬囚犯的肛门求生。兰泽尔有关老鼠的想法就是在听了一名军官讲给他这则故事之后出现的，这种酷刑变成了兰泽尔脑中难以磨灭的画面，并且还产生了自己的妻子和父亲也会遭受类似酷刑的强迫性思维。弗洛伊德的假设是，这些强迫性和可怕的想法源于对两个个体的爱和攻击冲动之间的冲突。强迫症状意味着患者在面对如何解决这种冲突时选择了逃避，并且在其随后的一生中在面对不同的立场和行动方案而难以抉择时也无法做出决断，因此他的生活便充满了怀疑和优柔寡断。就其心理起源而言，弗洛伊德假设（必须说，是以某种典型的方式），这些症状源自患者最早期的性经历，尤其是他的因童年手淫而受到父亲严厉惩罚的经历。"怀疑的倾向……是性器前期强烈矛盾倾向的延续，从那时起，这种矛盾倾向就与每一对呈现出来的对立面联系在了一起"。这确实被认为是怀疑性质和起源的一种观点，但却不一定是证据最充分的观点。

一方面，怀疑是一种理性思维的工具，在科学、法律、哲学、日常思考中都有着不可或缺的作用；另一方面，它也是某种心理问题的体现，甚至可能是根植于性心理发展早期阶段的主要心理功能障碍的症状（至少一些人这样认为）。显然，"怀疑"是一个内涵非常宽泛的概念，它甚至会被看作一种巨大的驱动力，或许是所有驱动力中最强大的；当然，它同时也是人类行为的巨大抑制剂。怀疑推动了科学发现、司法判决、哲学理解、人类进步、社会变革、积极行动的发展，但它也可能抑制决策，阻碍变革，并导致拖延、担忧、迷信和延误。怀疑是内在的、有意识的（一种"犹豫不决的感觉"），因此也是高度个性化的。怀疑通常还具有封闭性（私密性），我们一般是不会选择与他人甚至是最亲近的人分享怀疑的想法。想象一下，如果你的伴侣知道你对这段关系有所怀疑，他们会做何感想？或者反过来，如果你知道伴侣所抱持的怀疑又会如何想呢？

多年来，作家、小说家、传记作家和历史学家对怀疑的论述似乎与心理学家一样多，甚至更多（可能有一两个明显的例外）。怀疑是我们精神生活的核心部分，我们喜欢从文学作品中一窥其结构和功能，以理解它的复杂性和偏差（有时）。正如我们所注意到的，弗洛伊德将怀疑视为一种"症状"、一种抵抗的标志，它可以让精神分析师明白与之相关的被压抑元素的重要性。同样从精神分析的视角，荣格却有着截然不同的观点。他在信中写道："怀疑和不安全感是完整人生不可或缺的组成部分。"在本书中，我们将探讨荣格本人是如何看待怀疑的，以及他为什么会这样看待怀疑。当然，我们也会详细讨论怀疑中更多偏向神经官能的方面。

仍有许多心理学家完全忽视了怀疑，他们频繁谈论的则是风险感知（与怀疑不同）、不确定性、焦虑、担忧、恐惧、自我效能感、冒名顶替综合征（骗子综合征）和对失败的恐惧等，但他们却没有将这些与作为我们精神生活核心的怀疑本身联系起来。这让人感到遗憾，怀疑是我们日常社交体验的重要组成部分，也是我们身份认同的重要组成部分，更何况怀疑本就无处不在。从我们选择袜子时脑海中挥之不去的恼人想法（但这可能只是我自己的想法），到基于更持久和富有成效的怀疑过程中，一个解决方案突然出现在我们脑海中时所带来的那种灵光一闪的时刻，如果没有有意识和有效的怀疑过程，很多解决方案可能永远都不会出现。孩子哭着找妈妈，似乎是在"怀疑"她是否会回来（至少根据孩子再次见到妈妈时感到惊讶的状态可以推断出来这一点，尽管谈论前语言期婴儿对怀疑的体验确实很奇怪），到耶稣自己被遗弃在十字架上，他的痛苦沐浴在怀疑之中（虽然我始终怀疑这是不是一个好例子，因为它可能会冒犯一些基督徒）。这就是我们谈论的"怀疑"这一主题的广度。

怀疑似乎会在某个时间点以某种方式产生，然后跨越时间在整个大脑功能结构中扩散，从轻微的不安到强烈的不适，再到对怀疑潜在来源或目标的积极思考，逐渐成为我们应对世界的方式，最终成为我们个人和社会身份的一部分。当然，怀疑并不一定要以这种线性方式工作，即先产生情绪，然后形成认知和意识。在怀疑中，认知和情绪是紧密相连的，二者其一都可能占主导地位。我们实际上经常能注意到自己的怀疑，这对我们如何看待自己可能很重要。心理学业内和业外的许多人士都认为，怀疑的根源通常可以追溯到我们最早的社会化经历，如果不一定是弗洛伊德所假设的我们性心理发展的关键时刻，那就很可能是我们与父母之间的互动和关系。也有人认为，怀疑可能源于个体一生中一系列重要的互动和情感经历。正如我们将看到的，无论哪一方都有伟大的思想家、艺术家和作家站台，所以我们最好以开放的心态看待双方的观点。

我们知道，小说家弗兰兹·卡夫卡（Franz Kafka）深受极度自我怀疑的困扰，而且很显然他非常清楚自己所有这些疑虑和自我怀疑的来源。这位创作了《变形记》（*The Metamorphosis*）、《审判》（*The Trial*）和《城堡》（*The Castle*）等经典文学作品，被奥登（Auden）、纳博科夫（Nabokov）和加西亚·马尔克斯（García Márquez）等作家誉为20世纪文学主要代表人物之一的作家，其一生饱受怀疑的折磨。1919年11月，卡夫卡给父亲写了一封信，信中解释了为什么他小时候即使通过考试，甚至因工作出色获得奖励，也总觉得自己像"一个贪污的在职银行职员，一想到被发现就会发抖，但仍然关心着他必须关注的银行那些琐碎的日常业务"。这其实就是我们现在所说的"冒名顶替综合征"。卡夫卡描述了自己如何淹没在自我怀疑中，被自己的想法、幻想和梦想所折磨。自童年起，他就幻想自己在通过学校考试后，也依旧逃不过被"老师发现是最无能和……最无知的人"的命运，于是他们会"立刻把我赶出去，让所有正直的人欢呼雀跃，现在我从这场噩梦中解放出来了"。看来，这些幻想和想法一直笼罩着卡夫卡。

在那封控诉意味浓厚的信中，卡夫卡明确指出了自我怀疑的根源。他写道，这源于他这个"胆小的孩子"在专横的父亲赫尔曼手中遭受的情感虐待。卡夫卡的父亲是一个"对自己的观点有着无限自信"的自我成就者。卡夫卡指责道：

> 作为父亲，你对我来说太强大了，尤其因为我的哥哥们早逝，而妹妹们隔了很久才来到人世，我不得不独自承受最初的一两次打击，而我太弱了，无法承受。

卡夫卡觉得，父亲对儿子长期的反对、"贬低性评价"、对儿子智力和创造性兴趣的漠不关心、威胁、对儿子工作的蔑视态度、爱的缺失等，这些都是他自我怀疑的根源，使他甚至无法正常思考——"虽然几乎无法忍受，但仍然需要思考出一个完整和持久的解决方案"。

他在身心两方面都受到父亲的威慑：

> 比如，我记得我们经常在同一间更衣室一起更衣。我瘦小、孱弱，而你身强体壮、高大魁梧。所以在更衣室里，我同样觉得自己很可怜。更重要的是，不仅仅在你眼中，甚至在全世界的眼中，因为对我来说，你就是衡量一切的标准。

关于父亲的行为，卡夫卡写道：

> 你那极其有效的教育孩子的修辞手法，至少在我身上简直屡试不爽，辱骂、威胁、挖苦、恶意的嘲笑等都是最基本的，奇怪的是其中居然还有自怜。

从他所写的自己不得不忍受的各种事件中，你也能看到卡夫卡式情境的雏形：

> 我终日处于耻辱之中：要么我服从你的命令，那是一种耻辱，因为这些命令只针对我；要么我公然反抗，那也是一种耻辱，因为我竟然敢藐视你；要么我无法服从，因为我没有，比如你的力量、你的胃口、你的技能，尽管你期望我理所当然地拥有这些，这同样是我的莫大耻辱。

这显然是一个双重束缚[①]，即无论做出何种回应都会受到惩罚的窘境，但这还不是"经典"意义上的双重束缚。"经典"意义上的双重束缚是指，一个话语具有两个同时（客观地可观察到）的相互矛盾的沟通渠道，通常涉及言语和非言语渠道，其中任何可能的回应都会受到惩罚。用格里高利·贝特森（Gregory Bateson）的话来说，"第二指令（通常是通过姿势、手势或语气等非语言手段进行交流）在更抽象的层面上与第一指令相冲突，并且像第一指令一样，通过惩罚或威胁生存的信号来执行"。更准确地说，这是一种随着时间的推移而实现的双重束缚，涉及对多种交流模式的解释（有时仅涉及矛盾的语言陈述），从而导致个体感觉自己不可能做出理性的回应，并且任何回应都不可避免地会招致惩罚——这种情况下会

---

① 双重束缚（double bind），心理学术语，最早由美国心理学家格里高利·贝特森在 20 世纪 50 年代提出，用来描述一种无论选择哪个选项都导致负面后果的困境。——译者注

让个体感受到耻辱或更糟。卡夫卡在与父亲的关系中是犹豫不决的，既体现在字面意义上，也体现在隐喻意义上：

> 只要涉及你自己的事情，你就会成为一位出色的演说家，而在你面前我却养成了一种犹犹豫豫、结结巴巴的说话方式。即便如此，你也受不了，最终我选择了沉默。起初可能是出于怨恨，但后来是因为我在你面前既无法思考也无法说话。

这种怀疑蔓延到了卡夫卡生活的方方面面：

> 我对自己的能力失去了信心。我变得情绪不稳定，疑虑重重。我越是年长，你就越能拿出越多足以证明我一无是处的证据。渐渐地，在某种程度上，你所说的那些确实被印证了。

他甚至开始怀疑自己的身体，这严重影响了他的健康：

> 没有任何事情是我能够确定的，我每时每刻都需要新的证据来证明我的存在，我也并没有任何自己真正拥有且只由我明确决定的财产。事实上，我就像一个被剥夺了继承权的儿子，自然而然地，我甚至对自己最亲近的事物，如自己的身体，也产生了怀疑。

这是卡夫卡后来患上"各种疑病症"的基础，他开始对自己的消化不良、脱发、脊柱弯曲等各种问题感到焦虑，直到最终他被真正的疾病肺结核夺去了生命，享年41岁。也可以说他最后是饿死的，肺结核导致他的喉咙变得狭窄和闭塞，进食时极其痛苦。即便如此，还是有一些心理学家暂时忘记了卡夫卡当时所经历的吞咽困难与痛苦，认为这种饥饿实际上是其身患厌食症的一种表征。

卡夫卡在 36 岁时写下了那封著名的信。他把信交给了母亲朱莉，让她转交给父亲，但母亲却把未读的信还给了他，也许她觉得儿子写这封信并不会达到他预期的效果，反而会再次让他感到失望。36 年来，卡夫卡一直想向父亲解释父亲的行为给自己带来怎样的感受，同时坦承他一直隐藏在内心的自我怀疑。这种怀疑只是通过他对父亲的回避行为、他的神经官能症和疑病症表现出来。当然，这些怀疑也是他艺术创作的根基，尽管他的父亲一直嗤之以鼻。写作是他"寻求独立、寻求解脱的尝试，虽然这只取得了微不足道的成功"（卡夫卡在生前几乎鲜有成就）。而对这些怀疑的阐述和解释，就成为我们理解"卡夫卡式"复杂矛盾困境的关键。当然，他无意间创造了一个词来命名这种现象，从而改变了我们对荒谬、复杂、怪异和不合逻辑的看法，他使得我们可以命名它，从而认识和阐述它。

卡夫卡的父亲自始至终都未曾读过或听过这封忏悔信。我总觉得这非常遗憾。倾听并理解怀疑或许能帮助我们互相理解，抑或能帮助我们建立联系并减少孤独感，即便是在卡夫卡与其父亲这种破裂或功能失调的关系中。

在过去的几十年里，人们一直在强调情绪体验的清晰表达和分享，以及其对我们的精神和身体健康的重要性。但实际上，人们是可以在隐藏怀疑的同时表达情绪，并将其深藏心底的。怀疑在内心回荡，产生共鸣并不断扩大。我们觉得自己是骗子、冒名顶替之人、欺诈者，但却从未告诉过任何人。我们怀疑新冠疫苗的有效性，却又害怕承认，所以只是保持沉默，拒绝接种，因为这样做显然更加简单。我在健身房的更衣室里停下来，四次转身去检查自己的储物柜，怀疑自己是否已经拿走了所有的东西。周围有人注意到了我这个奇怪的行为，而我也注意到他在看我，于是我说'我以前落下过东西'，但这其实并不是真的，我总是这样不断地检查，之所以这么说，是因为我觉得必须就自己的行为进行解释。我个人的怀疑已经公开化，需要解释，它们变得令人困扰且奇怪。

美国心理学会（American Psychological Association）将怀疑定义为"对某事或某人（包括自己）缺乏信心或充满不确定感"，它提醒我们，怀疑是一种"感知"，但通常"具有强烈的情感成分"。我对这种感觉深有体会，我们中的许多人都有这种感觉，但也许并非人人都有，有些人似乎对怀疑有免疫。我自己确实经历过很多次，那是一种不知从何而来的、令人不安的感觉，而且可能非常强烈。我在各种选择之间犹豫不决，不断权衡利弊，直到最终做出似乎总是错误的选择。意料之中会出现的负面情绪甚至是悔恨，也是其中的一部分。即使在最微不足道的情况下也会出现这种情况：

> 我站在超市里，双手各拿一罐豌豆，仔细阅读标签，查看着价格、品牌和产地环境评估的细微差别，想象着盘子里豌豆的颜色、味道和口感。这已经让我在同一个地方站了好几分钟了。但它们只是豌豆啊！你真的会因为买豌豆而感到后悔吗？我注意到其他一些顾客在看我，我双手拿着两罐豌豆上下摆动，这在别人看来，我似乎在玩杂耍。我掂量着这两罐豌豆，试图做出决定，内心的各种声音已经快要从脑子里跑出来了。我自己也注意到了这一点，感到事情不妙。一位白发苍苍的老人推着手推车缓缓走过，车子发出吱吱的响声，她在豌豆罐头货架旁停了下来，并且

注意到了我手部的动作，在我们四目相对的那一瞬间，我趁机问道："你觉得哪罐好？"她有点惊讶，甚至困惑地看着我，我怀疑她以前从未遇到过这种情况。也许她认为我是在超市工作，忘了穿制服，正在对豌豆进行某种市场调研的工作人员。她还有时间，所以停了下来，很诙谐地对我说了句"左手的那罐"，然后从货架上拿起一罐跟我左手不一样的豌豆继续往前走，没走多远还回头看了我一眼，似乎想尽快远离我，这场景让我觉得非常尴尬。虽然我的难题几近解决，但还没有完全解决，围绕老人刚刚给出的答案的怀疑已然产生。如果她那么肯定且如此迅速地做出了决定，那她为什么要买其他豌豆呢？我果断地拿起了老人拿的那罐，走到过道尽头后突然停下，又折回去，仅根据价格选择了之前的那一罐。那天晚上，我发现选的豌豆罐头吃起来并不太像豌豆的味道时，我觉得自己再一次受到了惩罚。我的伴侣盯着我，眼神里充满了不解——你为什么要买那些豌豆？

怀疑的构成很复杂，有对形势和潜在困境的认识、强烈的情绪，有时还有明显的情绪预感、犹豫不决、在公共场所的尴尬、后悔和意料之内的遗憾，以及许多情况下的某种不顺畅和生活的中断等。我想知道，为什么有些人在做出重大抉择时不会感到痛苦，而我却站在那里，在公共场所权衡豌豆罐头的优劣。

那么，我个人的疑虑和自我怀疑从何而来呢？这个问题困扰了我很多年。我似乎并没有从家人那里继承或学习到他们做决定时的那种果断，事实上，我的哥哥做事非常冲动、自信且少有疑虑。可是他的冲动最终导致他在一次攀登喜马拉雅山时因事故丧生，他去世时年仅 30 岁，我当时也只有 26 岁，这可能对我后来的人生产生了重大影响。我的家人对我早年表现出的优柔寡断感到震惊，这种情况在我上中学时似乎变得更加糟糕，我变成了一个怀疑者。毕竟，在超市里为一罐豌豆就如此斟酌来斟酌去肯定会产生某些心理影响。当你发现自己无法做出决定，怀疑就会产生，就会对这种长时间的犹豫和拖延变得非常敏感。当你做下一个重要决定时又会发生什么？你会重复这个过程吗？你需要经历同样的过程来处理不确定性和焦虑吗？你会因忽视外界的目光而感到更加自在吗？它会变成一种应对机制吗？你允许它成为一种习惯吗？它会成为你自我认知的一部分吗？它会成为你身份的一部分了吗？

这对我来说无疑有着巨大的影响，也正因如此，我对这一过程产生了浓厚的兴趣。我似乎确实患有严重的疑虑症，而且这种疑虑症已经蔓延开来。我开始怀疑自己，怀疑自己是否有能力完成最简单的事情，比如换保险丝、开罐头盒或给汽车换机油。我父亲曾是一名汽车修理工，所以我质疑自己无法给汽车换机油听上去的确有点奇怪。我常常无助地站着，质疑自己做出正确决定的能力，等待别人的帮助。有的心理学家可能将此贴上"低自尊"或"自我效能感低"的标签，但在我看来为时过早。自我效能感低指的是一个人在执行特定任务时，对自己能否成功缺乏信心。这些心理学家会说，低自尊或自我效能感低应该是任何心理探索的起点。他们可能会建议，试着去理解你为什么觉得自己如此无能且没有效率。但我并不认为自己在很多事情上存在自我效能感低的问题。例如，在完成学业任务方面我就认为自己会成功，不过奇怪的是，如果有一段时间我没有考试，我就会产生怀疑，我需要定期参加考试，这样疑虑就会暂时消失。上学时，我曾为通过考试祈祷过很多次，这对我来说可能相当重要，以至于这几乎成了一种迷信的行为。邻居们如何评价我的能力，或者我在那所校名中带有"皇家"二字的文法学校的成绩如何，都变得不重要了。"那是一所好学校，"我母亲会说，"他们知道自己在做什么——如果你没那些贵族聪明，他们会让你知道的，好吗？"即便这样，怀疑仍然会涌现在心头，我内心的声音会时不时地提醒我，距离上一次考试有多久了，似乎那时候我最关注的就是与上次考试间隔的时间。我内心的声音会说："对于一个成熟的大脑来说，六个月已经是相当长的一段时间了，你的大脑可能在上次考试后就停止发育了，可能已经停止工作或者可能已经卡住了。"这种怀疑让我更加努力学习，虽然这种感觉让我不是很舒服，但在这种情况下，反而可能具有某种适应性。很多人会说我是一个"工作狂"，通过经常性地努力寻求安慰。当然，这个标签似乎也让我取得了很多的成就，所以我很想了解一下，作为所有这些活动的推动力，怀疑到底有多重要。

怀疑的各个方面仍有待我们去发现、探索和描述，包括怀疑从何而来、如何发展、有什么作用、如何鼓励我们成长和发展、如何压制或摧毁我们，以及它们如何被用来对付我们。

我一直将"怀疑"视为一种痛苦、一种需要以某种方式加以解释的非常个人化的痛苦。像大多数人一样，无论是心理学家还是公众，当我们受到某些看似不良特质的影响时，就会对这些不良特质的早期迹象及潜在影响因素进行探索。但是，如果要深入理解这些影响，则需要就具体的背景进行考虑。心理学分析往往过于抽象，与个人及其生活现实脱节，当然，也有一些明显的例外（尽管"鼠人"对于许多人来说可能过于新奇）。这些分析往往独立于个体存在，但有时它们的确需要根植于对个体环境和生活的深入描述，需要具体的语境和独特而非单一的研究方法。我将对某些个体产生怀疑的起源进行假设，并对为何有些人会受到怀疑的过度折磨，而有些人显然毫无影响地进行探讨。我之所以说"显然"，是因为表面看虽无影响，但怀疑仍可能潜藏在阴影之中。我将像法医或侦探一样，窥探背后的真相，寻找可能的线索。毕竟，怀疑不仅通过行动和犹豫展现，还可能通过我们未曾察觉的清晰思路展现。我需要在个体的生活中定位怀疑的存在（或明显的缺失），这些个体包括一些知名人士，如杰出的思想家、艺术家和科学家等。似乎我们中没有人能完全摆脱怀疑，但怀疑又是如何进入他们的生活中呢？他们又是如何驾驭怀疑的呢？毕加索为何能如此自信？这位在自画像上署名"我就是王"的画家，为何没有受到怀疑的束缚？或者说他真的摆脱怀疑了吗？还是怀疑仍潜伏在某个角落？还有艾伦·图灵（Alan Turing），他是如何克服对自己能力的怀疑的？又为此付出了怎样的代价？荣格显然曾深受怀疑之苦，但在他看来，"痛苦"这个词可能并不恰当，他反而认为痛苦是完整人生不可或缺的一部分。这又是为什么呢？所有的限制性怀疑是否都归咎于专横父母的那些轻蔑姿态，以及那些破坏自我意识的矛盾或暗示信息？抑或存在其他的缘由？如果是，那么这些缘由是什么？它们又是如何影响我们的？正如卡夫卡所疑，怀疑的缺失是否完全源于童年早期对爱、支持和肯定的经历，或是源于缺少这些经历，还是存在着更为复杂的情况？为何有些人能控制怀疑，而有些人却让怀疑主导了他们的一生？

怀疑不仅仅是一种症状，它可以塑造生命，是活生生的，是我们的一部分，它需要被考虑、分析和理解。但怀疑总是负面的吗，还是说荣格是对的？在宗教、历史和文化中，有许多伟大的怀疑论者，有些人很好，有些人不太好，也许我只是想加入他们的行列。多疑的托马斯①就是其中之

①　托马斯是耶稣的一位门徒，耶稣复活之后出现在自己的门徒面前，但是当天托马斯刚好不在，所以他就怀疑耶稣真复活了。几天后，耶稣出现在托马斯面前，托马斯要亲手触摸耶稣身上的钉痕，才最终相信耶稣确实是复活了。后来人们就用多疑的托马斯（Doubting Thomas）指代那些怀疑一切的怀疑论者。——译者注

D 怀疑：破解天才困惑与凡人焦虑的心理谜题
oubt: A Psychological Exploration

一，在我们的教堂里，信众常常因为他不虔诚的信仰而对他嗤之以鼻。但我觉得这有点不公平，为什么盲目的信仰就那么好呢？在确信耶稣复活之前，托马斯也只是想亲眼看到基督身体上的伤口而已。抑或是犹豫不决的、伟大的约克大公（Grand Old Duke of York），他因拖延而饱受怀疑之苦，率领部下向山顶进军，然后又再次下山。约克大公据说是弗雷德里克王子（Prince Frederick），即约克和奥尔巴尼公爵，他在拿破仑战争期间迟迟不明确下达对法国军队的进攻命令，犹豫不前，最后撤退了（尽管卡塞尔镇的山在平坦的佛兰德斯地区并不算什么高山）。还有勒内·笛卡尔（René Descartes），他因著名的格言"我思故我在"而为大多数人所熟知。他认为，如果他怀疑，那么一定是某件事或某个人在怀疑，这证明了他的存在。换言之，怀疑是一个重要且必不可少的人类过程，也是哲学的一种批判方法。就笛卡尔和多疑的托马斯而言，怀疑似乎是一件好事，直接的实证证据对于科学、理解甚至是信仰都至关重要。但怀疑也可能是一件坏事、一个障碍，就像伟大的约克大公那样导致拖延。怀疑会在日常生活中提醒你未来可能出现拒绝和悔恨，还会抑制你，阻止你发挥全部的潜力。所有这些都提醒着我们，怀疑有着不同的类型，有着不同的发展历史。不幸的是，我本人就是一种混合体，我甚至会为一些非常简单的事情而犹豫不决，这是我的特点。但近些日子，我满怀欣喜地认为，我可以用怀疑来挑战我学术工作中不同领域的正统观念。

但我们能改变自己怀疑的习惯吗？我们生活在这个伟大的治愈时代，似乎只要愿望足够强烈，并能采取正确的干预措施，找到正确的榜样和激励措施，一切都可以改变。我们能从那些没有被自我怀疑所束缚的人身上学到什么？我曾看到一位著名的拳击教练用一种少见的非常规手段帮助拳击手消除疑虑，他让他们在其他拳击手面前唱童谣，练习前空翻，翻过绳索进入拳击场。这似乎很有效，他消除了整个拳击馆里"自大"的拳击手的疑虑，还培养出了一位有史以来最傲慢、最没有疑虑的世界拳王——以"话痨"著称的纳西姆·哈米德（Naseem Hamed），肯定能跟穆罕默德·阿里（Muhammed Ali）一较高下。

但是，如果没有像上面那样的"治疗手段"干预，那些在生活中取得伟大成就的人又该如何处理自己的怀疑呢？在艺术、科学和文学领域，可供选择的改变了我们生活的伟人名单有一长串，他们之所以能够取得如此成就，是因为他们没有自我怀疑吗？他们对自己能力的信心从何而来？他们又是如何处理各种细微的怀疑的？如果没有怀疑，会带来哪些坏处？我们需要怀疑吗？或者，怀疑是否像焦虑、压力和抑郁一样，需要我们通过基于个人的治疗，如某种形式的认知疗法甚至是非常规的"治疗"（就像那位拳击教练所做的那样）得以摆脱，从而过上更好、更幸福的生活？事实上，如果我们教人们如何应对抑郁、压力和焦虑，会消除怀疑吗？还是说怀疑只是这些精神疾病的附带现象，消除怀疑实际上只能消磨掉一些时间，而其他那些强大的压力源却依旧在同一时间对我们造成伤害呢？还有人们对气候变化或新冠病毒等事物所产生的怀疑，又要如何理解呢？

与怀疑论者完全相反，那些似乎对任何事物都深信不疑的人又如何？这些人明明应该心存疑虑，但却并没有丝毫怀疑。就像乔治·W. 布什（George W. Bush）在入侵伊拉克之前，对萨达姆·侯赛因（Saddam Hussein）持有"大规模杀伤性武器"毫不怀疑，也丝毫不怀疑自身事业的正义性那样。又或者像那些声称自己与外星人近距离接触过（他们在其他方面看起来很正常）的人，为什么他们对自己所经历的一切深信不疑呢？几年前，我曾在谢菲尔德的一所公寓里与一对非常普通的夫妇交谈，他们声称自己曾数次与外星人接触。我想听听他们对接触事件的详细描述，我真正感兴趣的是他们在讲述这些事时是否表现出怀疑和不确定的迹象，我会特别注意他们言语中的犹豫、傻笑、口误和非言语的疏漏，因为所有这些都可能透露出他们只是喜欢向像我这样轻信别人的陌生人讲述夸张的故事而已。但不得不说，我没有看到或听到任何这样的迹象，一切都那么自然，就像去商店购物一样，从某种意义上说，确实如此。除了遭遇外星人之外，这对夫妇看起来很正常，甚至非常普通，他们的叙述中没有歇斯底里，没有真正的兴奋，也没有任何明显的心理障碍迹象，与外星人接触，就像是一次日常经历，而这对夫妇讲述的方式也非常平实，没有任何不确定或怀疑。

妻子琼正坐在前厅，若无其事地说道：

> 我第一次见到外星人应该是 1979 年在谢菲尔德的工人聚居区格利德莱斯。大概是晚上九点，当时我正在去炸鱼薯条店的路上，打算买两份炸鱼晚餐，偶遇邻居肯，我们停下来闲聊了几句。然后，我碰巧抬头看了看天空，就看到了它，那个航天器是一个飞碟的形状……里面有两个人，长相俊美，金发，肤色非常白皙。我可以看到飞船的内部，里面装着霓虹灯，就像我的厨房一样。几秒钟后，不明飞行物就消失了。

她瞥了我一眼，想看看我听完这些陈述后的反应。"哦"是我能想到的所有可能的表达，尽量不透露太多的信息。她又给我倒了一杯茶，热情地继续说道：

> 但那只是第一次，几个月后，外星人又回来了。当时我正与癌症做斗争，这次他们直接来到了我家里。怎么说呢，外星人肯

定知道我的情况，我感觉到一只手放在我的头顶，还感受到了一些震动，这些外星人既在治愈我，也在安慰我，消除我对癌症的恐惧。之后当我住进医院时，基本已经没有任何恐惧，就连医生都不敢相信，我竟然能如此好地应对癌症。医生非常惊讶，但我不能告诉他们这是外星人的功劳。

琼的丈夫汤姆没说话，但是对妻子说的每一句话都点头表示支持。汤姆本人没有直接接触过外星人，明显觉得自己错过了什么，我能从他的脸上看出来。但后来命运给了他机会，汤姆说他和妻子开车去斯凯格内斯过周末，在穿过克伦伯公园的树林时，他也看到了一艘宇宙飞船。他也以一种平淡而实事求是的方式讲述了这则故事：

宇宙飞船距离我们的车子只有 50 英尺①远，所以我看得清清楚楚，那飞船是黑色的，闪闪发亮，就好像刚从洗车房出来一样。

但是琼不让他靠近宇宙飞船，这是他们之间仅有的一点矛盾，汤姆到现在都没有完全原谅琼。"我错过了一生中可能仅有的一次机会，"汤姆悲伤地说，"一生中可能仅有的一次机会。"他重复道，随即瞥了琼一眼。这是我那天看到的这对夫妇最接近争吵的情况了。

"我希望他们回来，"汤姆充满挑衅意味地直盯着我说，"我会和他们一起走。"

琼说他应该更加小心，"因为他们可能想在你身上做实验"。

---

① 1 英尺 ≈0.3 米。——译者注

"我不在乎，"汤姆说，"反正最终也没什么可失去的。"

问题是，我认为琼并不想与自己的丈夫分享自己的外星人接触经历，我能感觉到这一点。她想让自己感觉与众不同，这有点像在陈述的背景中混入了一些情感上的"不忠"（指的是外星人）。"但没有发生任何身体接触。"她安慰道，但同时她似乎在回味着那些美好的感受。

我准备了一个非常明确的问题要问这对夫妇。我非常直接地问他们是否对自己的经历有任何怀疑，他们会不会弄错了？这会不会只是某种梦境或妄想？我拉长了"妄想"这个词的发音，好像我并不真的想说出或说完这个词。他们看起来并不高兴。

"如果外星人在谢菲尔德如此普遍，"我继续问道，"为什么其他人没有报告任何目击事件呢？"琼没有停顿，没有犹豫，直截了当地做出了回应，很显然她对这个问题有现成的答案，她似乎掌控了全局，既流利又自信：

> 见过外星人的人数远超你的想象，但他们并不想谈论这件事。我的邻居肯就是一个例子，因为他有学习障碍，认为人们会嘲笑他，所以他选择了保持沉默。

汤姆只是默默地点了点头，然后长舒一口气，仿佛真相难以承受，也更难保守。

"是什么首先吸引了外星人来到谢菲尔德？"我问，"为什么谢菲尔德的上空布满了外星飞船？为什么是谢菲尔德？"我当时处于怀疑论的顶峰。

琼有一个理论，不是试探性的理论，也不是猜测或一些推测性的假设，而是一个对她来说很有意义且可以排除任何疑问的理论：

> 可能在造访英国时，这些外星人会以奔宁山脉作为旅行的引导坐标，奔宁山脉正好位于英国中部，当外星人向南行进时，以这条山脉为指引就非常方便。然后，谢菲尔德的灯光就会出现在外星飞船的左侧，随后外星人决定停下来仔细看看。因为外星人其实就像其他人一样好奇，而且如果你已经在黑暗的太空中旅行了好几个月，在看到了灯火辉煌的谢菲尔德后，难道不想去好好游览一番吗？

这种推理是有逻辑的，或者更准确地说，是琼基于外星人就像我们其他人一样爱管闲事的假设进行的有部分逻辑的推理。他们可能在无尽黑暗的太空中秉持着自己的使命，但也可能被夜间的几盏路灯和灯火通明的谢菲尔德市场分了心。

在告诉我这些关于我们外星人朋友的秘密之后，琼就沉默不语了。她讲述了外星人如何根据山脉引航、如何思考，以及他们的注意力如何像其他人一样有限。她把超自然的东西变得平凡和普通，通过将外星人来访的超自然经历植根于日常生活的琐碎细节中，将怀疑排除在自己的叙述之外。她构建了一个故事，使这对夫妇的生活正常化，包括去炸鱼薯条店和周末去斯凯格内斯，并对为什么像肯这样的其他目击者不愿意站出来提供了现成的解释。当然，任何来自她或她丈夫的怀疑对这整段的叙述来说都会是致命的，怀疑会让接触外星人的经历变成妄想，变成一个荒诞、虚构的故事，而不是一段基于真实经历给出的可靠叙述；相反，琼的故事是坚固的、没有破绽的且极其平凡的，但要做到这一点，必须付出很多努力。

故事必须非常平凡，才能代表一种正常且非常普通的生活，一种没有充满奇思妙想或想法的生活。就好像琼和我说的，外星人的飞船里有和她自己厨房一样的灯一样，平凡至极。但这些平凡的细节对于构建"真正发生了什么"的叙述以及琼将自己塑造成一个真正的见证人来说，却是至关重要的，她如此清晰地看到了飞船上的灯光，以至于她可以准确地描述它们，甚至认出它们。她可能猜到这样的描述听起来会很荒谬，但她为了细节，甘愿冒着被嘲笑的危险，因为任何真实的叙述都需要细节。这可是在谢菲尔德最贫穷的社区住宅里发生的现代宗教奇迹，外星人代替了天使来治愈患者，并消除患者对死亡的恐惧。像所有的奇迹一样，它需要具体的细节。

我觉得这个故事很离奇，这对夫妇对自己所遭遇的事情所展现出的坚信更加奇怪。我原想在这个故事中看到那种老生常谈的怀疑，以便和故事中同样面对奇怪感知的人们产生共鸣，同时也为了找到那种"可能寻常也可能不寻常的东西"。怎么会有人相信谢菲尔德是外星人访问的重要城市，甚至外星人飞船上的灯居然和谢菲尔德市场上的灯一样呢？这背后的心理过程是什么？认知失调可能在其中发挥了作用。利昂·费斯廷格（Leon Festinger）在 20 世纪 50 年代提出了经典的认知失调理论，用以解释当人们的认知（意见、信念、知识）与自身的行为和感觉相冲突时会发生什么。这种冲突会导致一种认知失调的状态，其特点是人们会试图解决这种不适感。向朋友和邻居报告在谢菲尔德一家炸鱼薯条店外看到外星人，很可能会产生某种不适（至少在最初阶段会如此）。费斯廷格认为，当我们处于这种认知失调状态时，我们会想办法减少这种不适感，要么改变我们潜在的信仰或观点（"这从来就不是真的"），要么获取新的信息来使信仰更加合理（琼一直在阅读其他主要发生在美国的关于外星人造访的文章），并到处宣扬自己的这一经历。用费斯廷格的话说，如果能说服越来越多的人相信信仰体系是正确的，那么显然，它终究会是正确的。琼通过反复讲述这个故事，更加坚信了自己所经历的事情，这也成了她的一部分，她自我认同的一部分。

这也让我想起了费斯廷格在芝加哥对一个末日邪教进行的人类学研究。据该邪教中外星使者（"守护者"）的说法，这个邪教等待着1954年12月21日发生的大洪水来终结这个世界。费斯廷格描述了这个邪教在预言失败后的反应（邪教组织成员认为，世界没有毁灭是非常遗憾的）。许多邪教成员放弃了他们稳定的工作和家庭来加入邪教，他们完全献身于自己的信仰。用费斯廷格的话来说：

> 这种信仰与现实的不一致非常重要，尽管信徒们可能会试图将其隐藏，甚至对自己也进行隐瞒，但他们仍然可以明确地知道预言是假的，他们所有的准备都是徒劳的。这种不一致不能通过否认或合理化解释来完全消除。但有一种方法可以减少这种不一致，那就是，如果能说服越来越多的人相信信仰体系是正确的，那么它显然终究会是正确的。试着思考一种极端的情况：如果全世界每个人都相信某件事，那么关于这个信仰的有效性就根本不会有任何问题。正因为这个原因，我们观察到了在预言失败后信徒们传教活动的增加。如果传教活动被证明是成功的，那么通过聚集更多的信徒并有效地将自己与支持者团结起来，就可以减少这种不一致，直到能够与之共存。

这或许可以解释为什么琼和汤姆如此热衷于向每个人谈论他们与外星人的经历，包括像我这样持怀疑态度的研究者。这是一种处理认知失调和失望情绪的方式（毕竟外星人在第一次造访格利德莱斯后就再也没有回来见过他们），也是一种保持信仰、消除疑虑的方式。许多当地人因为他们讲述得非常详细且朴实无华而被说服（但也有人没有被说服）。用费斯廷格的话来说，他们正在"聚集信徒，并有效地将自己与支持者团结起来"。因此，认知失调可能是在产生怀疑时起作用的一种机制，但正如我们将看到的，可能还存在着其他处理怀疑的方法。

需要注意的是，琼和汤姆关于自己与外星人交流的叙述也提醒我们，人们在经历怀疑和表达怀疑时存在明显的个体差异。我们所讲述的关于我们生活和感知的故事可以作为抵御来自真实世界冲击的一种缓冲，令人信服的故事最终可能会通过减少不和谐来帮助说服讲述者自己，这甚至可能比说服听众更有效。从这个角度来看，语言的使用和思维是密切相关的，我们说服自己，也说服他人，而语言在这其中扮演着至关重要的角色。

在采访琼和汤姆的最后，我想在言语之外进行一些更加深入的交流。当我准备离开时，琼在我的请求下为我画了一艘宇宙飞船：椭圆形，有两名顶着熟悉发型的驾驶员，顶部有一盏灯。以这幅画作的水准，说它出自五岁孩童之手也并不过分。

"是这个吗？"我问。

"就是这个。"汤姆说。

很显然珍对自己今天所做的努力感到满意。她正试图向一个充满怀疑的怀疑论者的世界（我的世界）传播这一信息。

这本书一定会是一次旅行，而且是一次非常个人化的定制旅行。我需要挖掘表面之下的东西，因为怀疑和疑虑在表面上可能并不明显，至少对我来说是这样的。与我童年时不同，现在的我学会了向同事和朋友掩饰我的怀疑，当然它偶尔还是会流露出来，就像所有伟大的无意识过程，或不完全受意识控制的过程一样，就像那天在超市里买豌豆罐头一样。当我站在那里，因怀疑而僵住，权衡各种选择时，人们通常认为我在开玩笑，或是为了逗乐他们而在表演，是为了吸引他们的注意力而做的表演。显然，我已经学会了掩饰我的怀疑，即便我还没能克服它。

怀疑是人们很少谈论的事情，但我想把它公开，我想了解它的来源和作用，最终判断它是否具有建设性或破坏性。如果它具有破坏性，除了摧毁我们的自信以及我们与他人的联系能力之外，它还会破坏什么？我想了解怀疑是如何发展的，以及是什么滋养了它，它与其他的心理焦虑和不安全感有何联系？我还想知道它是否有用，如果有用，有什么用，或者它是否只具有抑制作用以及让人分心？我想知道，一些人是如何克服自己的怀疑或帮助他人克服怀疑的。我想知道，为什么一些非常严肃的事情会让人产生怀疑，比如，为什么包括美国前总统在内的一些人会怀疑气候变化或新冠疫情的性质，尽管证据就摆在他们面前。我想知道为什么多年来，吸烟者一直怀疑关于吸烟致命的医学证据，是什么让一些政治家如此确信自己的立场或信仰，而没有任何明显的怀疑。我想知道怀疑是如何对伟大的思想家进行抑制的，他们是如何应对或与之共存的，或者这些怀疑是否是推动他们走向伟大的动力。我还探索了商业世界中那些充满怀疑的商人如何利用微妙和明显的技巧来操纵我们的怀疑。我还想知道，尽管有可以用来证伪的所有科学证据，为什么仍有这么多人对气候变化持怀疑态度。

这段旅程对我来说很重要。我想了解怀疑是如何存在于个体之中的，是什么强化了怀疑，或者是什么阻挡了怀疑。我想探索自己和他人心中这个关于怀疑的私密世界，我想看到怀疑的真面目。

总结

- 怀疑是对某事或某人（包括自己）缺乏信心或充满不确定感。

- 怀疑是科学、法律、伦理、政治和哲学的核心，所有这些领域都涉及针对怀疑而精心设计且反复推敲的对抗过程，以便根据现有证据促进、考虑和评估怀疑。

- 怀疑也是自我的核心。

- 怀疑可以是一种保护机制，也可能是一种干扰。

- 怀疑可以是理性的，也可以是非理性的；它可以是系统的，也可以是随机的；它可以是健康的，也可以是病态的。

- 怀疑是一种理性思维的工具，在科学、法律、哲学、日常思考中都有着不可或缺的作用。

- 一些人（包括弗洛伊德）将怀疑视为一种主要的心理功能障碍的症状，实际上它是一种持久的、根植于人类最初发展阶段的神经症。

- 强迫症有时也被称为"怀疑病"。

- 当涉及人类行为时，怀疑会被看作一种巨大的驱动力，或许是所有驱动力中最强大的，当然，它同时也是人类行为的巨大抑制剂。

- 怀疑推动了科学发现、司法判决、哲学理解、人类进步、社会变革、积极行动的发展，但它也可能抑制决策，阻碍变革，并导致拖延、担忧、迷信和延误。

- 怀疑是内在的、有意识的（一种"犹豫不决的感觉"），因此也是高度个性化的。

- 荣格认为，怀疑和不安全感是完整人生不可或缺的组成部分。

- 弗兰兹·卡夫卡深受极度自我怀疑的困扰，他相信他专横的父亲是这一切的根源。

- 怀疑会蔓延。

- 卡夫卡对自己的身体产生了怀疑，这严重影响了他的健康。

- 人们在经历怀疑和表达怀疑时存在明显的个体差异

- 有些人似乎不会产生任何怀疑，包括那些不止一次见过外星人的人。

- 人们似乎有办法让自己不产生怀疑。

- 认知失调可能在其中起到一定作用，但也可能有其他技巧。

02

DOUBT

独自怀疑

成长的迷茫与心理的抉择

时值暮春，却已有秋日萧瑟之感。我孤身一人端坐于贝尔法斯特市郊外山顶的瓢泼大雨中，俯瞰着这座城市，雨水从我左肩倾泻而下，浸湿了全身。

我是从位于利戈尼尔（Ligoniel）的家步行上山的，利戈尼尔是一个有成排梯田式街道的磨坊村庄，坐落在贝尔法斯特市北部的郊区。这是一个贫穷的社区，甚至连市议会都称它为贫民窟（但从未当着我们的面这样称呼）：这里的房屋破旧不堪；一大家子人因没有足够的鞋子穿，男孩子就光着脚在街上玩耍；有时12口人住在一个仅有两间卧室的磨坊里，院子里放着废弃的铁皮浴缸，锈迹斑斑；人们的早餐吃的是普通面包蘸白糖。村里建有一座水坝，亚麻厂、纺纱厂、漂白厂是这个村子的主要产业，我家好几代人都在这些工厂里工作：我祖父先是卖苦力，后来成为一名粗纱工；我母亲在纺纱车间工作；我祖母和我的姨妈阿格尼斯都在梳棉间工作。亚麻被送到梳棉间进行梳理并为纺纱做好准备，亚麻的干粉尘悬浮在空气中，这些粉尘会随呼吸入肺。我母亲总是说，你可以根据呼吸的短促和咳嗽的严重程度来区分梳棉间里的女人和女孩。她们中的许多人还抽烟，因为她们被告知抽烟有助于清肺。我姨妈的咳嗽是我听过最严重的，咳得她都直不起腰来。当然，她过早地离世了，在我印象里，她似乎每天都在不停地咳嗽，以至于她去世后，家里变得从未有过地安静。

我坐在那里，膝上放着一张 A4 纸，它随风飘动，仿佛在发送某种信号。或者说，这张白纸一直在拍打着，直到雨水将其打湿，静静地躺在我的膝头。也许，信息已经传递出去了。我试着把单词和短语写成双栏两长列，中间用一条长长的线隔开。我用的是红笔，红颜色代表着重要和危险，提醒我停下来好好思考。无意识里就是这样，我被迫要这么做：在把纸压在我湿漉漉的腿上试图在上面写字的同时，思考着决定。这张纸太湿了，开始撕裂，钢笔穿透了纸面。

从我这个角度俯瞰，这座城市并不算大，似乎很轻易就可以窥见这里往后几年里所可能发生的变化。你能感受到，一股巨大的危机正悄然酝酿，它无处不在：在街头妇女的闲聊、当地新闻中；在下班回家的男人们，面对那句无处不在的"伙计，最近怎么样"的问候时无奈的耸肩中。这个答案并不寻常，我从未见过如此多紧锁的眉头、紧张的眼神、半压抑的忧心忡忡的面部表情，但从未被完全压制——我知道那是不可能的。

实际上，冲突已经开始了。加斯蒂·斯彭斯（Gusty Spence）的名字出现在新闻报道里，赫然成了北爱尔兰冲突中的第一个恐怖分子、第一个杀手。他重建了新教阿尔斯特志愿军（Protestant Ulster Volunteer Force）。1916 年 7 月 1 日，也就是第一次世界大战索姆河战役的第一天，新教阿尔斯特志愿军的前身英军第 36 阿尔斯特师进行过英勇的战斗。但如今，这个新教阿尔斯特志愿军却在香克尔路（Shankill Road）向一家天主教徒经营的酒吧投掷汽油弹，并意外将隔壁领取养老金的新教徒活活烧死。其后不久，一名年轻的天主教徒在离开位于香克尔下路的马尔文酒吧时被加斯蒂团伙的成员枪杀。当年，英军第 36 阿尔斯特师在 7 月那个决定性的早晨冲过山顶，高呼着"绝不投降"，义无反顾地向位于提埃普瓦尔村（Thiepval）的施瓦本要塞（Schwaben Redoubt）挺进。尽管这支重建的新教阿尔斯特志愿军与第 36 阿尔斯特师完全不同，但入狱的加斯蒂·斯彭斯已然成了香克尔区和我们所在地区的民间英雄，他的名字被人用粉笔写在了我们的山墙上。新教阿尔斯特志愿军重生了，虽然带着浓厚的基督教意味，但迥然不同。

北爱尔兰冲突确实已经开始了，不过还不到用严重的"北爱尔兰冲突"来形容的地步。其实问题并不在已经发生了什么，也不在谋杀本身，而在于在这个守法和看似敬畏上帝的社区中，许多人表现出一种奇怪的接受态度。人们愿意接受那些看上去根本站不住脚的谋杀借口，甚至有些人会用涂鸦来庆祝那些针对对方阵营中无辜者的谋杀。这才是最令人担忧的地方。

当然，我们不能纵容冷血的谋杀，我们需要新的叙事方式，它必须被创造出来，必须通过一次次的对话慢慢发展，直到恰到好处，直到能够发挥作用。

街头巷尾都在议论，香克尔酒吧里发生的那起天主教徒凶杀案，实际上是对三名爱尔兰共和军士兵的袭击，而且受害者还是一个战斗小队的成员。

"你的人必须去，"他们说道，"要先发制人，在他们还在计划阶段就拿下他们，要防患于未然。"

一位证人在法庭上作证称，正是加斯蒂本人告诉他那家酒吧里的男子为爱尔兰共和军成员。但是，加斯蒂始终否认自己曾说过这样的话——"我怎么会知道呢？"

那家天主教徒经营的酒吧被炸又是怎么回事？为什么会被炸呢？"哦，

你不知道里屋发生了什么，"他们说，"你也不知道他们想干些什么。"

那位领养老金的新教徒呢？他就这么意外地被活活烧死。"哦，可怕，太可怕了。你知道的，战争的牺牲品、附带的伤害，都太可怕了，但这就是战争。"

而这仅仅预示着未来三十年或四十年将要发生的事情，预示着这将成为常态。那些叙事方式为尚未发生的行动所提供的理由，削弱了日常语言的情感色彩，像是"附带的伤害"，充满对行动和计划的偏见描述的新表达就这样突然地凭空出现了。

你很快就会意识到，如果你——信息的接收者——比较容易受骗或者是很容易轻信某些事情，那么大多数事情都可以被描述为正当理由。

单是想象一下我们这座小城接下来可能会发生之事，就足以令人感到痛心。这座城市处在群山保护之中，一侧是绵延的山峦，另一侧是黑山、迪维斯山、沃尔夫山、洞穴山和贝尔法斯特湖。但是，优美的风景依旧隐藏着威胁。设想一下，如果这座城市爆发内乱，它就仿佛被那些山峦的臂弯所包围，阻挡了出路，我们将无处可逃。

我脚下的田野里，有一些无忧无虑的绵羊和羊羔，我很想提醒它们可能迎来的命运。它们为什么看起来如此优哉游哉地在那片田野上闲逛？我说的"田野"实际上是一片几乎没有边界的土地，绵羊和羔羊在这片土地上漫无目的地游荡着，直至在我的视线里消失。电视的天线就在我身后，它将把未来几年有关冲突的新闻传输到每个人的家中。黑白电视的荧屏上，一群穿着西装、胸前挂着橙色骑士团绶带的男人正在桥上叫嚣着游行，瞬间骚乱发生，人们熟悉的叫喊声和嘘声此起彼伏，一遍又一遍。这些男人笃信自己的立场，毫不怀疑。

所有的这一切都在不久的将来发生，眼下这一幕还没出现。

我是从磨坊街爬上这座山的，这条街可能会在未来一年左右，通过上了世界各地的新闻而声名大噪。你可能会觉得这条街很眼熟，新闻报道在前街和后街都发生了枪击案和谋杀事件，而且就在我们家隔壁的临街，一所天主教徒拥有的房子的前窗被子弹射穿。虽然你以前不一定见过我住的这条街，但你肯定见过许多类似的街道，那些19世纪末的排屋在你眼前缓慢而安静地倒塌掉。从我还是个孩子起，市议会就承诺要进行贫民窟的清理和改造，所以，也许即将到来的恐怖炸弹袭击都是计划好的？爆炸后肯定会留下大片的空地，后院被炸得只剩一个厕所，生锈的钉子挂着多年前早已无法使用的生锈的浴缸，旁边还有一个我祖母时代的轧布机同样锈迹斑斑，无法使用。贫民窟的这些房子由斑驳的砖块搭建起来，摇摇欲坠。

街上总是布满水渍和肥皂水，我现在还能依稀记得那股味道，非常特殊，有点像间歇泉喷出的沸水，加上肥皂之后那种热腾腾的肥皂泡味道，对我来说，它象征着我们这些工人阶级街道的自豪和社区感。女人们跪在地上，面前放着装满肥皂水的大桶，清洗着屋外的台阶，她们几乎每天都在进行这个小小的仪式，这里的台阶更像是一个想象中的私人空间，而不是任何凸起的区域。

"艾琳，你又在清洗你家的台阶吗？如果你不小心的话，可能会把它踩坏的。"

"哦，我看你也出来了，"我母亲回答道，"这些台阶必须时刻保持最佳状态。"

实际上，从来没有任何台阶是被不小心踩坏的。小时候，我不太确定这是否是某种复杂的玩笑，但现在，小时候的那种想法被我自己完全否定了。我认为，在清洗门阶的那些妇女的想象中，确实存在着这样一个台阶。沿着我们家那条路走下去，那些带有小会客厅的房屋前确实有一个台阶，而我们那些小磨坊却没有。这标志着他们在社会阶层中的较高地位，比我们高出了一截，但意义却十分重大。我们处于社会阶梯的最底层，整个社会的最底层。现在的我一直认为，那是一个想象中的、令人向往的台阶。

不久之后，电视上可能会播放这样的画面：妇女们站在街道的中央，敲打着垃圾桶盖以警告邻居们军队正在搜查住宅，但画面中的街道并不是我们居住的这片区域，而是另一边的天主教区，我们从未那样敲打过垃圾桶盖。我们很是自豪。电视里还有孩子们扔石头的画面，以及军队中那些穿着泥泞靴子的狙击手们，他们弓着身子缓慢地移动，紧贴在前门掩护着身体，把那些新洗的台阶弄得暗淡无光。远处的爆炸最先发生，紧接着是街尾酒吧被炸，然后另一家酒吧也被炸。夜晚同样枪声不断，回荡于夜空之中。在街道的尽头，一群妇女，有的戴着卷发器和头巾，有的肩上披着匆忙穿上的外套，伫立一圈，低头看着躺在路中间的某物或某人，并摇头叹息。人群中间的某物或某人被遮盖着，你看不清是什么，但有鲜血从遮盖的破旧毯子里渗了出来。

"快去里屋拿条破旧毯子过来，别拿好的。快点，看在上帝的分上。"说话间，鲜血会一点点蔓延开来，然后会留下类似罗夏墨迹的图案或斑点，供你解读，让你可以将自己投射其中。

某个身着油污工作服的男人在下班回家的路上会把毯子拉回来，女人们又会再次倒吸一口气，然后摇头叹息。三四十年来，所有这些女人都被这种看似无休止的窥视和悲伤束缚着。她们只能眼睁睁地看着，却无能为力，未来还将有很多次无奈地摇头。

但这一切都在我已经感觉到的未来，尽管各种事实证明，这未来近在咫尺。不过，对我来说倒是没什么大的影响，我会看着办的，我这样告诉自己。

我在山上远离这一切，却也不完全是孤身一人。我坐在雨中，一只手拿着报纸，另一只手则试图阻止我的狗冲到下面的田地里，撕咬那些羊群。它可是一只非常狡猾的狗，它在跟踪羊群，用它那双训练有素、狡黠的眼睛正全神贯注地盯着羊群的一举一动，就等我松开紧握它项圈的双手冲进羊群中，不断地追赶它看上的每一只羊。它对任何轻微的压力变化都极为敏感，它其实不是我的狗，而是邻居的，邻居得了帕金森病之后便没有办法照顾它，所以我带它出来散步。有时散步是有目的的，而不仅仅是在山上溜达。我没有为它准备狗链，只会在必要时，比如当它看到羊、其他狗或它看不惯的路人时拽着它的项圈。

我的一个朋友说，他家的狗只对天主教徒或我们称之为"芬尼亚人"叫，他甚至训练他家的狗在每次听到"芬尼亚人"这个词时就叫，这是他在聚会上经常展示的拿手好戏。不过，我带的这只狗的主人本来就是天主教徒，这招对它可不起作用，你也不可能教会它这个把戏。

几乎所有人都知道将有大事发生，而且知道这一天很快就会到来。现在，加斯蒂被监禁了，在我们所有的新教徒聚居区，人们都在涂鸦庆祝。皇后学院的学生们头发长到遮住衣领，我母亲管他们叫"长毛"，尽管他们的头发没那么长。我们家客厅角落里的黑白电视机里，一群紧围着大学围巾的年轻人正谈论着民权问题，唱着鲍勃·迪伦（Bob Dylan）的歌曲。

我们家的那台二手电视机荧光屏总是在跳，从来就没正常工作过。你必须走过去敲一下电视机的侧面，才能让画面定住。如果你路过忘了敲，就会有人提醒你。

"帮我敲一下电视，"每当我走进客厅时，母亲总是这样说，"我都来回四趟了。"

我会走到电视机前，用力拍它的侧面，那力度几乎要把它从支架上拍下来。

"天哪，你拍得也太狠了，现在画面完全消失了，你也太不小心了。"

然后，我们会坐在完全没有画面的电视机前几分钟，把声音调大以弥补看不到画面的缺憾。我们不得不听着那些学生模样的人坐在植物园大道中央大声地跑着调唱着那些歌曲，抗议这样或那样的事情。

"我们终将胜利。"一遍又一遍，以那种刺耳且响亮（因为音量已调到最大）的南贝尔法斯特中产阶级口音高唱着，从几英里 [①] 外的地方传来。

"天哪，能不能别再唱那首该死的歌了，"我母亲说，"他们不会唱别的歌吗？"

"他们几乎都是唱那首该死的歌的新教徒。"她补充道，一边叹着气，一边眯着眼看着电视，试图通过模糊的线条辨认出画面。

> 他们在唱什么？他们唱的"时代正在改变"到底是什么意思？这些人可能需要变得更聪明些，因为这里的事情不会改变，永远不会改变。这些人根本不知道自己在说什么。他们应该先找

---

① 　1 英里 ≈1.61 千米。——译者注

一份工作，然后再开始向我们宣扬变革。我们是贫穷的新教徒，隔壁邻居是贫穷的天主教徒，我们都在同一家工厂卖命，只有我们一起去抢银行，事情才会有所改变。

整个情况让人感到不安。我不是那种围着绿黑相间、中间有像火车轨道一样的细红线围巾的大学生，我也永远不会成为那样的人，永远说不出那样的话，否则我母亲会不认我的。我当然也不是那些穿着西装、系着橙色骑士团腰带勋章的男人，他们在奔跑时，勋章在腰间的大肚腩上晃来晃去，衬衫上的纽扣哗哗作响，他们对着桥上的游行者大喊大叫。我身上没有任何明显的效忠标志，也没有任何吸引志同道合的人来加入我或者接受我加入他们团队的信号。现实恰恰相反，我衣衫不整地坐在滂沱大雨的山坡上，肯定会把人吓跑的。我甚至没有我母亲那种不屑一顾的愤世嫉俗，她会坚持自己的立场，在去工厂的路上一遍又一遍地说："反正这里什么都不会改变，这么做毫无意义，所以只要无视那些告诉我们如何生活的大学生就好了，然后我们大家都会回到现实，充分利用我们当下所拥有的一切，尽管我们一无所有。"即使大雨倾盆，台阶也还是需要擦的，但我从未理解为什么要在雨中洗台阶——在贫民窟，家庭自豪感简直是一种错误，但当台阶被冲洗干净时，它们又确实会更好看——人尽皆知。

当时，我困于自己的问题与顾虑中，我不会每天步行去那家工厂，因为我坚定地认为，那不是我的命运，我要确保这一点，这就是为什么我有其他的想法。就从我面前的那张纸开始，我的狗每隔几分钟就会向前猛冲一下，考验我的注意力和决心，它只是想确认此刻不是对山下羊群造成伤害的时候，这显然是它那颗聪明、狡猾、清醒的脑袋计划好的。当它脑海中闪过狡猾的想法时，你能从它的眼神中看出来，它会变得兴奋，眼睛闪闪发光。但如果它真那么做了，我们俩都会有麻烦，都将变成逃犯。稍有疏忽，就没有出路了，我将终生流落街头，而且在工厂里我会一无是处。通过这些，你可能会看到，我是一个不太会处理实际问题的人，我甚至可能无法让机器持续运转，如果我在那个工厂工作，无疑会给我的家人带来麻烦。

我带着满脑子的疑虑爬上那座山。在北爱尔兰政治危机最为严重的时期，我必须做出一个决定。那会是什么决定呢？是加入民权运动还是橙色骑士团？是加入加斯蒂·斯彭斯的新教阿尔斯特志愿军还是爱尔兰共和军（但愿不会，毕竟我是一个新教徒）？或者加入某个立场不明的中间党派，左右摇摆？不，全部都不是，我爬上那座山，是为了决定在进入四年级时要放弃哪门课程，是放弃拉丁语还是放弃生物？这可是需要在山顶冒雨思考一整天的重大决定。在这个政治和社会动荡的时期，最让我困扰的实际上就是这个问题，它一直萦绕在我的心头。

这就是关于怀疑的种种，它可能是由看起来微不足道的事情引发的，但对我来说，这个决定举足轻重，你在面对的时候，必须在思考和分析上倾注更多。

我担心自己会做出错误的选择。我属于下面那条街，那条我能认出来的街，我家人世世代代都在那条街上长大，都是工厂工人，但我通过了英国 11+ 小升初（eleven plus）考试，是家族里第一个通过这一考试的人，况且我现在就读于城里历史最悠久的学校，这里的其他学生并非来自我成长的那样的街道，他们的父母有医生、校长、工程师、银行经理、企业主，用我母亲的话说，是那些不需要把手弄脏的人，他们可能会给自己的孩子出谋划策，可能会在各种涉及学业的决策上给孩子提供建议。这些孩子们穿着整洁的印有皇家徽章的外套，浆洗过的白衬衫，他们在做出任何选择的时候似乎都毫不犹豫，满怀信心，互相交换意见，大声说出自己的决定，就像在打橄榄球比赛一样，大声喊出自己的选择。"我选择拉丁语。"有人喊道，"说真的！"他的朋友说道，"我肯定要选生物学。"这些大概是这些孩子前几周家庭讨论的结果吧。

我问我的班主任是否可以把我的表格带回家，他看起来有点困惑，但最终还是同意了。这实际上就是我爬上山伫立雨中的原因，我心想，这就是怀疑的作用，它能让你脱颖而出，让你孤立人群，也能让你痛苦和寒冷，让你备感孤独。

"看在上帝的分上，贝蒂，"坐在我前排座位的男孩听到我问起把表格带回家的事时说。我并不知道他的名字，因为我们并不熟，我只知道他的姓和首字母。"很简单，拉丁语或生物，艺术或科学，下定决心吧，你自己以后打算做什么？艺术家还是科学家？"

"或者像他父母一样是个该死的磨坊工人，"他旁边的男孩说道，他们都笑了，"任何一个科目对他来说实际上都可以。因为当你在磨坊里的时候，所有这些都同样毫无用处、毫不相干。"

我父亲并不在磨坊工作，但我根本没有机会反驳，他在福尔路车站修理公共汽车，即便说出来，也不会有任何帮助。

如果他们能看到我坐在迪维斯山顶的雨中，为此苦恼不已，和我那只半野生的狗（甚至不是我的狗）一起被淋得湿透，他们可能会笑得更厉害，并且好好欣赏一番。在他们的眼中，我这个拿奖学金的男孩什么都担心。我又开始怀疑了，那个唠叨的声音再次在我脑海中响起，挥之不去，难以满足。与生物学相比，拉丁语有什么用？我将来该做什么？是去皇后区，尝试学会那种令我恼火的口音吗？还是加入橙色骑士团，抗议民权运动，紧抓我们所拥有的一切不放，尽管我们实际上一无所有。绝不退让！一寸都不！为了什么投降？我们几乎没什么可投降的。我祖父的橙色勋章腰带放在前厅梳妆台左手边的抽屉里，已经在那里放了很多年，一直没用过，闻起来霉味很重，而我父亲从来都不是橙色骑士团的一员，他认为这没有意义。

我应该基于什么来做出这个决定？这让我很困扰。但我很快就怀疑起了自己做决定的能力，怀疑变得内在化，一切都取决于我自己，然后它会逐渐蔓延到其他事情上，并且很快就变成了自我怀疑。它开始于某个具体的事物，然后扩散开来，变得层次更深，成了我身份的一部分。

我明确地意识到，选择拉丁语还是生物学的决定对我自己来说，一定比我那些来自贝尔法斯特市中产阶级的同学更重要，因为随着北爱尔兰冲突的酝酿，教育机会将是我摆脱街道、工厂和冲突的唯一出路。我居住的那条街道上，一些没有我这种机会的好朋友留在了那里，他们被困住了，无处可去，就像我母亲后来会说的那样，他们被卷入了这场北爱尔兰冲突。一些人被杀害，一些人则杀害了别人，在监狱里度过了他们生命中最美好的岁月，他们都输了。

这就是我的决定为何如此重要的原因。

我深知，这个关乎我学习之路未来的选择，拉丁语还是生物学，艺术还是科学，无比重要。我知道我不能在教育上冒险，就好像我当时带来好几支铅笔参加 11+ 小升初考试一样，这表明我那时就很谨慎，而我的第一支铅笔，果然如我所料的断了。

每次在上山之前听到有人提加斯蒂的名字，我都会想起我所做决定之重要。我在雨中坐了好几个小时，试图在这两个科目之间做出选择，双手不断地比画，权衡各种选择的利弊。许久之后，我终于从山顶上走了下来（尽管迪维斯其实只是一座山丘），就像人们可能会说的《出埃及记》里的摩西一样，手里拿着一张长长的纸条，上面列着一长串的利弊分析，底部写着我的最终决定，其中包含了所有可能与拉丁语和生物学相关的内容。我母亲告诉我，我们当地的医生纳尔逊医生就用拉丁语写处方（"那绝对是拉丁语，你一个字也看不懂"），还说如果我想成为一名医生，尽管我从来没有表达过这样的愿望，我就必须像他一样学习拉丁语，这样我就能和他谈论医学问题了。我母亲只是一名在工厂工作的工人，所以她肯定看不懂拉丁语，也不是专家。

"你怎么知道这是拉丁语？"我问。

"因为我一个字也看不懂，他肯定不是用英语写的。"

"也许，他只是字写得不好，"我回答，"或者他是个大忙人，不得不以极快的速度涂写。"

在我的"摩西式"纸条上，有许多用红色圆珠笔划掉的内容，包括在支持拉丁语的那一栏里划了一半线的"医学"。生物学让我洞察了自然的秩序以及身体和大脑是如何工作的，但拉丁语下面也列出了一个重要且散发独特魅力的清单，如罗马帝国、军团、恺撒、"我来，我见，我征服"、元老院、竞技场、学生关于战壕的诗歌片段、"为国捐躯，甜美而光荣"、电影《宾虚》（*Ben Hur*）、主演查尔顿·赫斯顿（Charlton Heston），甚至还有纳尔逊医生。拉丁语还为我提供了许多又长又复杂的词形变化，我喜欢在我们家的前厅朗诵这些给我的父亲听，以消除我对自己学术能力的怀疑。我父亲虽然听不懂我在说什么，但不停地称赞我可以完全无错地完成朗诵，并自夸有个如此聪明的儿子。

但拉丁语的朗诵早已不复存在，我父亲也在我上山那天的前几个月去世了。在一次本应是常规的检查手术中，他因脑部血栓而陷入昏迷。我是在二月一个潮湿寒冷的星期天晚上，在皇家维多利亚医院的停车场听到这个消息的。我和姨妈阿格尼斯乘公交车去的医院，本应由我姨夫特伦斯开车来接我们的，这样我们就能在医院跟母亲会合，也能见我父亲最后一面了。尽管作为一名年仅 13 岁的男孩，我本不该去医院这种地方看望父亲的，但是他已经在医院昏迷了一个星期了。据我母亲说，我父亲知道她在身边，在那漫长的一周里，他时而触摸着她的结婚戒指，在可怕的幽冥之中，他貌似意识还在，却没有知觉。

"他知道我在身边，直到最后时刻。"我妈妈时常这么说。

那晚在停车场，我所能记住的只有那句简短却如匕首般锐利的话是"比利死了"，还有阿格尼斯姨妈的尖叫声，以及我们当时站立的位置，非常确切的位置，还有旁边的黑色轿车，以及在倾盆大雨中那家医院入口的灯光。在模糊的背景中，灯光正好洒在我特伦斯姨夫的肩膀右侧，我低头看着那坑坑洼洼的柏油路和深深的水坑，拒绝抬起头来凝望他们因我父亲去世而悲伤到扭曲的脸庞。

"世界上最好的男人。"他们不断地重复着，我完全不能接受这个现实。

我说"我会记住关于父亲的一切"，但这么多年过去了，这些细节太多了。我对这类事件在大脑中产生的图像（这些极其生动的视觉记忆）非常感兴趣，对它们如何与我们的思考方式和我们所持的怀疑相联系产生了浓厚的兴趣。我对我们所记得的内容以及我们如何或者说为何会怀疑它们之间的关系很感兴趣。我们的记忆是我们重要的组成部分，怀疑亦是如此。

在我父亲去世的几天之后，纳尔逊医生来到我们家，给我母亲开了一些神经类药物，并与她进行了交谈。我被要求去潮湿而壁纸剥落的里屋等着。纳尔逊医生向我母亲解释说，即便我父亲在手术后恢复了意识，他也会变成一个"植物人"。这是他的原话。

医生离开后，我母亲立刻走进里屋把这个消息告诉了我，除此之外，没有任何关于我父亲在医院里意外身亡的其他信息。也许他们认为，来自磨坊街的工人阶级家庭只能理解这么多，也是我们所能接受的。

"如果你爸爸苏醒过来，他会变成一个植物人，这样的结果你也不想看到的，对吧？"我母亲试图让自己表现得不像是在传递医生的话，而像是医生临时的同事一样，这很像专家之间的勾结，她一直在努力控制自己的情绪，大口喘着粗气。

"我知道你爱你的父亲，我从未见过像你们俩这么亲密的父子，但你不希望那样的。"

她向我转达这个消息，仿佛这能让我感到安心，仿佛连她自己也因为这个消息而稍微安心了些。她被告知"他死了并不算太糟糕"，因为另一种情况会更糟。她希望我也能说出"我也不希望他恢复意识"这样的话，希望我们活着的人能结成同盟，而不是站在死者一边。

但这并没有让我感到安心，反倒让我更加悲痛和愤怒。"纳尔逊医生说了什么？"我问，"他到底说了什么？"我想知道他确切的表达。

"他说即便你爸爸醒过来，也会变成一个植物人。"我妈妈强忍住眼泪回答道。她试图强调"植物人"，但"植物人"这个词后面的部分被哽咽打断了，变得模糊，她没有把话说完。我低头看着地面，不再想直视任何人的眼睛。

"如果纳尔逊医生的拉丁语那么好，你确定他没有说'et fuisset ducuntur inriguae'吗？"我在搜寻记忆中的拉丁语词汇时，从我嘴里说出的拉丁语单词间隔很长，而且因为停顿和情感的影响，重音变得很奇怪。我几乎是在低声说出这句断断续续的句子，就像是别人在说一样，我并不想伤害任何人，尤其是我母亲。

"你叫我什么？你为什么这么叫我？"她听到了"ducuntur"中间的那个重音，并认为我在说一些亵渎和侮辱她的话。她跑着回到前屋，用手帕捂着脸抽泣，脸贴在前窗上，整条街都能看见。这个寡妇现在出现在公众面前，没有人照顾她、保护她，似乎独自一人沉浸在悲痛中，而我这个穿着花哨外套的小学生，毫无用处，只是尽我所能保护自己。自那天以后，我就再也没让她看到我哭过。

父亲的离世既改变了这个家庭，也改变了我。母亲仍在工厂工作，但我们的钱却更少了。而我也意识到，在父亲死后我要更加努力了，仍然不顾一切地想要取悦他，就像一名13岁的孩子试图取悦一位死气沉沉的父亲那样不顾一切。我母亲告诉我，我现在是个孤儿了，事情必须改变。她用了"孤儿"这个词，我很震惊，我一直以为孤儿是失去双亲的人。

我把"孤儿"这个词记在了心里，而我的变化几乎是瞬间的。父亲葬礼后的第二天，我醒来，决定换种方式生活。从那天起，我开始为邻居和亲戚清理旧的暖气片，我清理了一整天，把它们擦了一遍又一遍，直到它们闪闪发光，还赚到了一小笔报酬。在那个寒冷的二月，我的朋友达克和我在葬礼后的那个星期六开始了洗车业务，在第一个星期六洗了6辆车，然后每个星期六增长到 12 辆车，接着是 15 辆车。牧师是我们的第一位顾客。我开始和达克一起送报纸，并在早上帮送奶工送牛奶。我把挣的每一分钱都存了起来。

我迫切地需要获得安全感以及对自己生活的掌控。我更加努力地学习、工作、攒钱，好像这样做能给我带来一些我想要的安全感。我把六便士硬币一枚枚地放进巧克力盒子，这样的盒子放得满客厅都是。我很擅长在街上打弹珠，尽管我打弹珠的方式很不正统（我用扔的而不是弹的手法，如果你是用扔的，那你得往后再退一块铺路石），但我是附近最厉害的，我能从其他男孩那里赢到所有的弹珠，然后再卖给他们。我母亲总说，想买弹珠玩的男孩们在门口排起了长队。我哥哥回家时，也惊讶于这些弹珠换来的钱。他可从来没有赚过这么多钱。

就在那之后不久，我就冒着大雨站在了那座湿漉漉的山上。我对自己的学习方向感到迷茫，也对人生感到迷茫。谁能为我的学习之路提供建议？谁能给我信心？我认识的人中没有谁会拉丁语，包括纳尔逊医生（我很确定）。我现在已经开始学会怀疑别人了。也许，我担心所有的决定都可能带来可怕的后果。这并不一定总是一个明显的、有意识的想法，很多时候更像是一种不愉快的感觉，会在我毫无准备的时候突然闯入我的意识，尽管我也不想要它。如果我的父亲没有去医院接受所谓的检查手术，会发生什么？如果那晚他没有去医院，会怎样？如果给他做手术的是另一位心脏外科医生，又会发生什么？也许，严重的怀疑会与不相关的负面经历和创伤有关，然后它会渗透到生活的其他方面，甚至影响到生活的方方面面。在学校，我面临着一个可能决定我成功与否的学习方向的抉择，再加上对生活的普遍焦虑，让我倍感压力。这促使我开始将决策过程转变为深思熟虑的行动，权衡利弊，列出清单，并进行随机的心理联想（比如拉丁语《宾虚》、我父亲在客厅和我一起复习拉丁语词形变化），使生活本身变成了一个断断续续、充满争议的过程。

我从细雨蒙蒙的山顶下来，手里拿着那张湿透的纸，纸上的最后一行只有一个词——拉丁语。"拉丁语"用醒目的红色墨水书写，但已经被雨水淋得有些模糊，几乎无法辨认了。显然，选择"拉丁语"是错误的，因为我最终成了一名对语言感兴趣的心理学家，需要了解大脑和身体，以及中风如何影响心理功能和语言，这取决于它们的位置以及它们与左右半球各种语言中心的接近程度。除了中风可能让你变成植物人这一事实之外，了解更多关于中风和大脑的信息也会很有用。我父亲去世的情况很可能使我变成了一个怀疑论者，即使是在面对直截了当的决定时。

在迪维斯山顶的雨中，我第一次开始质疑自己，对于许多人看似直截了当的决定产生了怀疑。但许多看似简单的决定都可能产生举足轻重的后果，任何决定的后果对不同的人来说都不尽相同。也许，我所有的怀疑都源于某种精神打击、某种创伤，然后随着我父亲去世，这种生存危机席卷了我的家庭。我的家庭将不再是从前的样子，甚至可能不再是一个完整的家庭。因此，我们可能需要探究和理解严重怀疑首次出现时的情境和背景，理解为什么它们似乎会破坏一些人的生活，而其他人却对此免疫，它们是如何起作用的，如何防范它们，以及它们如何改变生活。

总结

- 有些人似乎因怀疑而痛苦不堪。
- 我就是其中之一。
- 怀疑会扰乱生活的节奏，会引起人们的注意。它会把你从同龄人中孤立出来。

- 怀疑既有情绪化的成分，也有认知上的成分。

- 怀疑并不一定是坏事，有时它是必要的，但有时则不然。

- 怀疑会成为一种习惯。

- 有时，人们可以回想起他们第一次意识到严重怀疑的瞬间，但在许多观察者看来，这只是一个简单的决定。

- 但是，一些看似简单的决定可能会产生深远的影响，你的潜意识可以认识到这一点，并打断决策过程。

- 怀疑可能由此开始，并受到生活中其他令人不安的因素的影响。

- 怀疑会蔓延到生活的其他方面。

- 有些人似乎对怀疑免疫。

- 对于像我这样的怀疑者来说，这非常令人费解。

03

DOUBT

荣格的梦

怀疑与心灵的觉醒

　　我坐在瑞士湖中的一艘船上，没承想水面波涛汹涌，小船向前行驶，加上我本身不是好的水手的缘故，船的晃动让我感到有点恶心。这艘船的木制船板潮湿光滑，我只能老实地坐在那里，一动不敢动。整艘船除了我之外，还有一对夫妇，丈夫留着胡须，朝我微笑，那是一个友善而坦诚的笑容，仿佛在邀请我倾诉些什么，比如，谈谈我为何在夏末，当所有度假者都已离去之时逗留此处。我想他大概能猜到几分，我们来到这里的原因很可能相同。我猜他可能是欧洲某所不知名大学的教授，但我并没有试图与他搭讪，而是将视线从他身上移向别处。

　　我的膝头放着一本只字未写的笔记本。尽管湖岸上的"塔楼"逐渐清晰，我还是不知道应该在本子上写下些什么，脑中一片空白。那座塔楼就像是想象中的城堡，像是孩童笔下的画作，像是童话中的梦幻所在。这里曾是荣格这位伟人的故乡，他极大地改变了我们理解心理、梦境和无意识的看法，他凭借自己的想象力建造了塔楼。多年来，他一直在撰写关于无意识、自己的梦境和幻想的文章，但他仍不满足。"文字和纸张，"他在自传中写道，"对我来说似乎不够真实，我还需要更多的东西。我必须以更加恒久和不可改变的形式展现我内心深处的想法和我所学的知识"。1922 年，荣格在苏黎世湖畔的伯林根买下了一块地用来建造他的塔楼，该处原本是教堂用地，曾属于圣加尔修道院。

荣格想把房子建在靠近水边的地方，并打算建造一个像非洲原始小屋那样的单层住宅，小屋的正中央用几块石头围出一个火堆。荣格解释说："原始小屋将整体性的概念具体化，即一种所有小型家畜都参与其中的家庭整体性。"随后，他觉得原始的非洲小屋并没有足够的心性发展空间，于是在小屋的隔壁用一座塔状附属建筑对这个原始的概念进行了拓展。几年之后，荣格觉得目前这个状态依旧不完整，不能表达所需的一切，他需要一个空间—— 一个私人的、非经允许他人不得进入的空间，于是他又建了第二座塔楼。荣格在这座塔楼里修建了一个如他所愿的专用内部化空间，他在这个空间的墙壁上画画，以表达"所有那些将我从时间中带入隐居、从当下带入永恒的东西"。1955 年他的妻子去世后，荣格说他突然意识到，那个趴伏得那么低、那么隐蔽的正中央区域正是他自己！他需要用一个更高层的建筑来代表他的"自我人格"。在他看来，这种身体上的延伸代表了"老年意识的延展"，他正在岩石中获得重生，与大自然"和谐相处"。荣格塔楼所在之处既没有电，也没有自来水。"在伯林根，"他写道，"我置身于真正的生活之中，我是最深刻的自己。"

这就是我要来瞻仰这位伟人、感受他、看望他的原因，荣格是我们心理时代的创造者，他的形象被永恒地凝固于石雕之中，个性特点则被冻结在塔楼和低矮的房间里。我本想因自己的认同感和洞察力而有所打动，但又不禁想起雪莱（Shelley）的《奥兹曼迪亚斯》（*Ozymandias*）——这是我自己长久以来挥之不去的疑虑。在这首十四行诗里，来自古国的旅者，看到"两条巨大但是没有躯干的石腿"从戈壁中伸出，基座上显露的铭文刻着"我，奥兹曼迪亚斯，万王之王：我，盖世功业，令尔辈绝望"，而沙漠则"无垠而苍茫"，向四面八方延伸至远方。

荣格的塔楼就静静地坐落在湖水拍打的岸边，船上的教授开始抽泣，他的妻子则在一旁安慰着他。我对塔楼和哭泣的教授无动于衷，这对我来说很不寻常。我坐在船上发呆，默默地看着灰白的湖水拍打着船舷。

我怀疑，这座塔楼可能更多地暗示了荣格对弗洛伊德所抱有的那种巨大的怀疑，而并非其他。不可否认的是，他对弗洛伊德的怀疑推动了心理学的发展（或者使其倒退至神秘的过去）。但个人的疑虑早在这些怀疑之前就存在了，但这可能对他自己的心理发展以及他的专业和科学发展都至关重要。荣格曾在他的信件中写过一句名言："怀疑和不安是完整人生中不可或缺的组成部分。"从这位精神分析学家身上——他有着独特的视角来看待自己的个人经历，包括他从小到大的思想和梦想——我们或许可以了解到怀疑的本质及体验。荣格在其自传中记录了其内心生活的细节，这其中就包括了无意识过程的可能作用，我们至少可以从主体自身的角度（而不是试图从任何外部的、客观的"科学"角度去理解）洞察怀疑的起源，以及这种怀疑是如何发展、变化和渗透，进而影响生活的其他方面的。也许在这个过程中，怀疑便会成为完整生活中不可或缺的组成部分。

荣格在开始他辉煌的精神病学研究生涯时，深受弗洛伊德、布洛伊尔（Breuer）和让内（Janet）的影响。作为一名对精神分裂症感兴趣的年轻精神病学家，他发现弗洛伊德在《梦的解析》（*The Interpretation of Dreams*）中概述的梦境分析与解释技巧为理解精神分裂症的表达形式提供了宝贵的见解。他尤其对压抑机制的概念感兴趣，该概念在《梦的解析》中起着至关重要的作用，这是他在与精神分裂症患者合作进行各种词汇联想任务时观察到的。荣格偶然注意到，患者的反应在某些时候呈现一种过于迟缓的状态，荣格假设刺激词汇触及了"精神病变或冲突"，但这种联系是无意识的，且压抑机制正在起作用。他认为，他对精神分裂症的研究从根本上证实了弗洛伊德从各种神经症患者的痛苦中发展而来的论点，证明了弗洛伊德思想的力量和普适性。

荣格可能同意弗洛伊德对压抑基本机制的阐述，但他同时也解释说，自己从未认同过弗洛伊德关于这一过程原因的假设。弗洛伊德认为，任何事情的核心都与性的各个方面和某种性创伤有关。荣格对此表示怀疑，他认为是否适应社会、所处的家庭环境是否艰难，以及与身份、地位和威望有关的因素可能更为重要。他向弗洛伊德表达了自己的怀疑，"但他否认除性以外的因素可能是原因这一观点，这让我非常不满。"荣格在他的自传中这样写道。这是一个非常有趣的评述，因为其对除了单纯的思想和理论交流之外，更多的人际交往需求进行了暗示。荣格希望自己的怀疑能得到重视，但弗洛伊德却不愿参与讨论，这似乎对荣格造成了严重的伤害，所以他进行了相当明确的报复。荣格在自己的书中对弗洛伊德进行攻击，试图通过强调当时人们对弗洛伊德及其作品的看法来损害弗洛伊德的声誉。他在自传中告诉人们，尽管他计划在压抑机制方向上继续进行研究，并适度承认弗洛伊德的贡献，但这对他来说其实非常困难，他写道：

> 弗洛伊德在当时的学术界肯定是个不受欢迎的人，与他有任何联系都会在科学界造成不良的影响。大多数"重要人物"都只是偷偷地谈论他，在各种会议场合，人们也只敢在走廊里讨论他，从不敢在会场上谈及。

也许，我们这些读者应该与这些"重要人物"保持一致，在反思之后开始认同他们对弗洛伊德的看法，但同时也要学会欣赏荣格本人。这位早期的精神病学家是一位自由思想家和怀疑论者，他在这件事上遵循自己的直觉，不受重要人物看法的束缚。

但实际情况比这复杂得多。荣格紧随其后的疑虑是，他是否应该在自己的研究中肯定弗洛伊德对自己智力方面的贡献，或者是否应该在发表自己的成果时只字不提弗洛伊德，因为精神病学界的权威人士可能会做出什么反应。这对荣格来说是一个思想和道德上的两难困境，这种疑虑是明确而不安的。荣格说，这里的疑虑来自"魔鬼"在他耳边的低语，只有他在写作中经常提到的来自自己"第二人格"的声音才能帮助自己克服这种怀疑：

> 如果你这样做了，就好像你对弗洛伊德这个人一无所知一样，其实说白了就是一种诡计、小把戏。但是你不能把生活建立在谎言之上。所以，记住这一点，问题自然就解决了。

荣格说，自己在论文中承认了弗洛伊德的贡献，并在其后"为他而战"，公开斥责了那些谈论强迫性神经症却不提弗洛伊德的人。但同时荣格也提到，这是有代价的。他提到了两位著名教授就曾告诫他，说他"站在"弗洛伊德一边是在拿自己的职业生涯去冒险。

这是一个具有多层次含义的故事，同时也是一个对心理学史具有重大意义的历史叙事，它导致了精神分析本体层面的分裂：荣格是弗洛伊德的追随者，确切地说是弗洛伊德的弟子，但他却并不相信弗洛伊德关于神经症的性起源以及压抑在这一过程中所起的作用的观点。荣格认为，弗洛伊德所提到的因素，可能在神经症中起着一小部分作用，但绝不可能是全部。他认为，学术界需要一个不同的解释。但这也是一个关于怀疑的故事。这个故事里首先要关注的，其实是怀疑在学术背景下产生的路径和原因——认为压抑并不总是源于性，以及当这种怀疑被提出时，如果不被考

怀疑：破解天才困惑与凡人焦虑的心理谜题

虑而是直接被否决，将会发生什么。即使是高高在上的学者也会为了他人的怀疑而如此低俗地攻击他人（但再次将攻击外化给他人——"重要人物"也认为弗洛伊德是这样的）。这也是一个关于怀疑如何引发其他怀疑的叙述（"我应该在自己的研究中相信弗洛伊德的理论吗？"），以及这种怀疑必须如何被人格化和外化（无异于魔鬼的声音）。即使对最有教养的思想家来说，怀疑也可能是一种不愉快的经历，但同时也需要关注到，显然存在几种不同的方式来处理和容忍这种怀疑。

当这一疑问得到解答，不再只是简单的"压抑有没有可能并非源于性"，而是"压抑显然有多种起源"之后，荣格随之而来的抨击远远超出了学术批评的范畴。他认为，弗洛伊德理论的整个体系都可归因于弗洛伊德本人的"主观偏见"，站在这个角度上来看，确实需要，也要求荣格本人对弗洛伊德进行深入的心理分析：

> 毫无疑问，弗洛伊德在性理论方面投入了异常深厚的情感。每当谈及这一话题时，他的语气就会变得急切，甚至近乎焦虑，而他平时那种批判性和怀疑性的态度荡然无存。他的脸上流露出一种奇怪的、深受触动的表情，对此我感到困惑不解。

荣格曾认为，弗洛伊德是他遇到的"第一个真正重要的人"；而现在的弗洛伊德，对于荣格来说，更像一座面临被夷为平地命运的伟大建筑。荣格曾就此解释道，令他深感失望的是，弗洛伊德所有的探究性分析实际上都只不过是"在心灵深处找到了太过熟悉和'太过人性'的局限"。

荣格在学术上拒绝了弗洛伊德理论的基础，但这里所说的学术并不是抽象意义上的学术，而更多的是以人为本和经验性的学术。弗洛伊德的理论及其对性和压抑的强调，与荣格自己的经历并不相符。荣格在自传中描述了自己在瑞士乡下一个村庄中的成长经历："乱伦和性变态对我来说并不是什么了不起的新鲜事，也不需要任何特别的解释……卷心菜在粪肥中茁壮成长是我一直认为理所当然的事情。"这其实是在暗示弗洛伊德的一生都深陷那一亩三分地的人类粪肥中，无法挣脱。荣格的贬低是某些学者所发出的特定类型的消极攻击风格的典型。荣格在自传中写道："只不过这些人都是城里人，对大自然和人类的稳定一无所知。"

质疑在科学研究中是不可或缺的，它推动着科学的进步。但是，那种与不确定性相关的感受，很可能是一种极其不快的情绪，对一些人（但并非所有人）来说，这种情绪会影响他们对当下情况的判断和反应。有时令人惊讶的是（至少对我来说），竟有如此多的学术争议会演变得极具个人色彩，你经常会看到学者们不仅攻击其他学者的观点，而且会更直接地攻击彼此本身。荣格将对理论背后的科学家进行人身攻击作为他在关于心理本质和无意识作用的学术论战中一个重要的武器。所有这一切都来自一位伟大的思想家，荣格如此强调精神性和更高的价值，强调摆脱人类"稳定"的愿望，以及"稳定"所蕴含的一切内涵。但怀疑在荣格的生活中所扮演的角色，却也着实可以帮助我们理解怀疑在这场攻击中是如何发展的，以及它是如何激励荣格通过中伤其导师弗洛伊德的偏见、情绪化和非理性，来试图摧毁弗洛伊德的。

荣格在弗洛伊德的讣告中写道："过去50年的文化史与刚刚去世的精神分析创始人西格蒙德·弗洛伊德的名字密不可分。"他先是抬高了弗洛伊德，随后又贬低了他，认为他不过是位"神经科专家"，仅此而已：

> 从要接受系统训练的视角来看，他既不是精神病学家，也

> 不是心理学家，更不是哲学家。在哲学方面，他甚至缺乏最基
> 础的教育元素……这一事实对于理解弗洛伊德的独特观点非常重
> 要，他的观点显然完全没有任何哲学前提可言。

荣格曾暗示，如果没有哲学，或者没有任何基本的哲学背景，人们怎
么可能理解心理的本质呢？荣格认为，弗洛伊德的方法独特之处在于，他
关注的是"神经退化的心理，在医生的审视下，带着一种既不情愿又掩饰
不住的享受展现自己的秘密"。"掩饰不住的享受"这一表述特别能说明
问题，仿佛弗洛伊德的患者在揭开创伤的过程中会得到某种快感——这些
创伤因素最初是无意识的，因为根据弗洛伊德的观点，它们都与性有关，
但荣格怀疑这一描述的有效性。"每一位与神经症打交道的专业人士都知
道，一方面患者很容易受到暗示，另一方面他们的报告又很不可靠，"荣
格总结道，"因此，这一理论站不住脚，岌岌可危。"荣格认为，弗洛伊
德在其经典著作《梦的解析》中，试图通过压抑理论和婴儿性欲概念（这
"首先在专业领域，然后在受过教育的公众中引发了一场愤怒和厌恶的风
暴"）来挽回一些颓势。在该书中，他将梦作为愿望实现的载体进行了分
析。同样，荣格对此方法的评论也揭示了其自身性格的方方面面："对于
我们年轻的精神科医生来说，这是一个启迪的源泉；但对于我们的老同事
来说，这是一个嘲笑的对象。"与之前一样，当他讨论弗洛伊德甚至不懂
"基本"哲学概念时，他用这种含糊其词、未经证实的提法来否定和贬低
弗洛伊德的成就，而"我们的老同事嘲笑这一理论"这句话有着模棱两可
的隐含量化——是所有老同事都嘲笑这一理论，还是大多数或者只是一些
老同事嘲笑这一理论？特别是哪些老同事？为什么在这种情况下要听他们
的？难道"年长"就一定意味着"更明智"吗？还是更墨守成规？但荣格
并没有就此打住：

　　给我们这些年轻精神病学家留下深刻印象的既不是技术也不是理论（因为这两者在我们看来都极具争议性），而是竟然有人敢于对梦境进行研究这一事实。

　　荣格也承认，弗洛伊德的方法是勇敢的，它确实为像荣格这样的年轻精神病学家开辟了一条追随他的道路——虽然勇敢，但却鲁莽，而且显然是错误的。这使荣格能够以柏拉图式的先天观念为基础，提出一种更高尚、更具哲学基础的方法（"高于一切现象，先于一切现象"），进而转化为荣格的原型概念（作为集体无意识的一部分）。而在另一端，它使荣格能够对弗洛伊德的精神分析（即"城里人"心理学）提出一种更"平衡"、更"真实"的方法。弗洛伊德的精神分析专注于中产阶级、绅士、维也纳人（主要是犹太人）的神经症患者，而荣格则专注于"普通"人，即一般人，其早期的"教育"更为广泛，源于荣格早年在瑞士乡村更为质朴的经历——在那里，"乱伦和变态……并不需要任何特别的解释"。

　　这是一篇充满讽刺意味的讣告。荣格承认"唯有怀疑才是科学真理之母"，但他不仅仅试图用怀疑来改变或摧毁弗洛伊德的理论，他还试图摧毁弗洛伊德这个人。那么，精神分析师可以用什么手段做到这一点呢？当然是利用精神分析本身。荣格一直认为，弗洛伊德的伟大历程始于他在萨尔佩特里埃医院师从沙尔科（Charcot）时，他发现癔症的症状是某些观念的结果，这些观念在本质上是无意识性的，占据了患者的心灵，在许多方面类似于中世纪附体理论中的恶魔。荣格认为，这是弗洛伊德精神分析的重要基础，因此，他将这种因附体导致的创伤概念投射到弗洛伊德身上：

　　在我与弗洛伊德多年的个人友谊中，我有幸能深入了解这位杰出人物的内心世界。他是一位被恶魔附身的人……这个恶魔占据了他的灵魂，从未放过他……所有与这位伟人命运与共的人都目睹了这场悲剧在他的一生中一步步上演，让他的视野越来越狭窄。

弗洛伊德被恶魔附身，灵魂已被恶魔吞噬，这就是为什么他无法改变自己，也看不到荣格的光辉（从荣格的角度来看）——荣格是一名精神分析学家，其使命是重新发现人类与生俱来的灵魂，他追随柏拉图等伟大哲学家，是一名理解真正的精神双重本质的精神分析学家。

这种怀疑是一种驱动力，虽然令人不安却令人信服，它能扫除一切障碍，无论是思想上的还是更个人化的。那么，这种怀疑从何而来呢？似乎源于荣格最早的童年记忆和经历。从他的自传中可以清楚地看出，怀疑塑造了他的早年生活，正如他在《荣格自传：回忆·梦·思考》（Memorie, Dreams, Reflections）一书中所写到的，他自己个人和心理发展的"真相"——用他的话来说，本质上是一个"无意识自我实现的故事"，它极其生动地描述了他漫长而卓越的一生中的梦想、思想、选择和怀疑。他首先描述了自己在瑞士莱茵瀑布上方劳芬牧师住宅中的生活，然后回忆起三岁时做的一个奇幻的梦，他说这个梦让他终生难忘。他在一片草地上发现了一个"石头砌成的黑漆漆的、长方形的洞"，一道石阶向下延伸，通向一座拱门，拱门上挂着一扇又大又重的锦缎帘子。梦中的他把帘子推开，看到一个童话中的国王宝座，上面立着什么东西，他抬眼望去以为是一棵巨大的树干，有 12~15 英尺高，几乎碰到了天花板。用他的话来说：

> 它的构成很奇怪，它是由皮肤和裸露的肉组成的，上面是一个没有脸也没有头发的圆形脑袋，头顶上有一只眼睛，一动不动地向上凝视着。

他担心这个恶心的东西会"像虫子一样"从宝座上向他爬过来。就在这时，他听到母亲冲他大喊："对，看着它，它就是食人兽！"荣格说，这个梦困扰了他多年，他惧怕睡觉，生怕睡着之后梦境重现。"直到很久以后，"他写道，"我才意识到我所看到的是男性生殖器，而且直到几十年后我才明白那是祭祀仪式用的男性生殖器。"

荣格对自己三岁时做的这个梦感到困惑，因为在梦中那根男性生殖器"在解剖学上是正确的"。荣格解释说，直到 50 年后他在思考弥撒（代表耶稣身体和血液的面包和葡萄酒遍布整个基督教堂）的象征意义中存在的食人主题时，才完全理解了它的象征意义。荣格说，这是上帝的另一面，不是坐在天空的宝座之上，而是深深地扎根在地下，"它目不转睛地向上凝视，以人肉为食"。他从未低估过这个梦的重要性：

> 通过这个童年的梦，我开始了解大地的奥秘。那时发生的事就像是被埋葬在土里，过了许多年才重见天日……我充满思考的生活就是在那时不知不觉中开始的。

这个梦中的景象使荣格与众不同，使他开始怀疑身为瑞士改革宗教会牧师的父亲所秉持的宗教观点，并使他过早地成为一名怀疑论者，对许多事物都持不接受的态度，其中就包括他父亲的基督教观点、仁慈的上帝的概念、性和压抑在神经症形成中的作用、梦的本质，以及经验在我们心理发展中的主导作用等。然而，这个梦的内容有许多令人不安的地方；同时，荣格如何记住这个梦也有几种可能的解释。一个看似合理的假设是，地下通道中某些东西的记忆痕迹多年来被重新加工过，而那个可能爬行的"树状结构"则被添加了许多细节，经年累月最终变成了解剖学上正确的男性生殖器。但荣格明确拒绝了这一观点，他想把梦境及其内容与更原始的先天观念和形象联系起来，而这些观念和形象的发展并不需要正常的经历作为依托。它也许是一个解剖学上正确的男性生殖器，但它更是世界各地的原始人从古至今所赋予意义的祭祀仪式用男性生殖器，而不是他们创造出来的。当然，另一种解释是，他可能看到过一个勃起的男性生殖器，并因此感到不安，就像任何三岁的孩子一样。事实上，荣格在他的自传中告诉我们，在他年幼的时候，他的父母是分房睡的，而他睡在父亲的房间里。当他父亲熟睡时，他可能在卧室里瞥见了什么。但同样，他还是拒绝任何关于梦中出现一个巨大且解剖学上正确的男性生殖器（所有细节都完好无损）与目睹或压抑性行为有什么关系。巧合的是，在他漫长的职业生涯中，他投入了大量的精力来拒绝性行为影响梦境的观点，这一点很有意思。不，这个梦是一个启示、一个预兆、一个开端，具有预言般的意义。"是什么样的超前的智慧在起作用？"他接着道，"今天我知道了，这是为了给黑暗带来尽可能多的光明。"其语气近乎《圣经》。

但重要的是，这个梦成了他个人故事的一部分，定义了他的与众不同。他见过一些多年以来他并不完全明白全部意义的事情，但他知道他父亲所宣扬的对上帝的看法并不正确，天地之间、生死之事远不止于此。"在梦中，我下到洞里，在金色的宝座上发现了与众不同的东西，一种非人类、阴间的东西，它凝视着上方，以人肉为食。"这是他的秘密，也是他的定义。上小学时，他雕刻了一个穿着礼服外套、戴着高顶礼帽、穿闪亮黑皮靴的小人偶，并在铅笔盒里为它铺了一张床，然后把它连同一块从莱茵河里捡来的光滑的长椭圆形黑石头一起藏在了房子顶层禁入的阁楼中。以下便是他对秘密的具体描述：

没有谁能发现我的秘密并毁掉它。我感到很安全，那种与自己格格不入的折磨感也消失了。在所有困难的情境中，每当我做错事、感情受到伤害或当父亲的暴躁及母亲的体弱多病让我感到压抑时，我都会想到那个被我小心翼翼安置在床上并包裹好的小人偶，以及那颗光滑、色彩鲜艳的石子。

小人偶安静地躺在床上，身边是他珍贵的石子，一切平静无扰，这或许是这个孩子内心烦扰的投射，他可能目睹了一些事情，这些事情在梦中重现，让他如此害怕。当他重新审视自己的这一经历时，虽然依旧可怕，但却被视为一种幻象、一种启示，他生来就与众不同，能看到他那博学的宗教信徒父亲从未见过、从未经历过、从未想过的东西。这个梦和他的解释让他开始怀疑父亲的基督教信仰。"我有意识地信奉基督教，尽管我总是充满怀疑，如'但这并不完全确定'或者'地下那个东西又是什么呢'。"当有人向他灌输宗教教义时，他打消了疑虑，心想："是的，但还有别的东西，一些人们不知道的、非常隐秘的东西。"

这个梦以及荣格通过制作小人偶并将其藏在床上、与珍贵的石子一同安放的方式来缓解焦虑，用他自己的话来说是"我童年的高潮与结束"。荣格说他后来把这件事忘得一干二净，直到他 35 岁时，这些记忆碎片才"清晰地"回到他的脑海中。那时，他第一次能够理解这一切，理解其全部意义。雕刻和石子并不是孩子气的应对焦虑的尝试，关键不在于小人偶被裹在床单里，与一块珍贵的石子一同藏在禁入的阁楼里，无人知晓，而在于它们是"没有任何直接传统脉络就进入个体心理的原始心理成分"。这些石子就像灵魂石和护身符……小人偶是一个被裹在小斗篷里的神秘人，藏在不易发现之地，伴随着一块椭圆形的黑色石子作为生命力的源泉。换句话说，没有教导或经验，儿时的荣格就已经参与了各种无意识的仪式，这些仪式既古老又无意识，由巨大的未知力量驱动着。

我们可能会把荣格看作一个敏感且多愁善感的孩子，他试图应对有时看起来因家境困难所带来的压力，而他的父亲是一个基督教神学家，这种家庭环境因此充斥着怀疑和不确定性。但荣格当时以及之后都不是这样看待自己的。梦境中一个奇怪且无法解释的形象，却明显充满了性的象征意义，这表明了他的与众不同：

> 我的整个青年时期都可以用这个秘密来解释，它给我带来了几乎无法忍受的孤独感。那些年，我取得的一大成就就是，我忍住了向任何人谈论此事的冲动……我是一个孤独的人，因为我了解一些事情，必须暗示一些事情，而其他人并不知道这些事情，甚至根本不想知道这些事情。

他有一个秘密，这个秘密使他产生了怀疑，这个秘密意味着他无法接受父亲的基督教信仰，他对此表示怀疑，不得不拒绝它，然后他不得不拒绝父亲——这位不实之词的传播者（就像他后来对待他的精神导师弗洛伊德一样，他再次同时拒绝了理论和这个人）。

荣格对此的自我叙述非常明确。三岁那年做的一个梦造就了他，这个梦让他对既有的智慧产生了怀疑，无论在哪里遇到（无论是基督教还是弗洛伊德的精神分析），他都会对其提出质疑，但他对自己在那个梦中经历的事情的意义和解释没有任何怀疑。换句话说，怀疑是被荣格利用、引导进而控制的东西：

> 现在回想起来，我发现我的成长在多大程度上预见了未来的事件，并为适应我父亲的信仰崩塌后的各种生活方式铺平了道路……虽然我们人类有自己的个人生活，但在很大程度上我们是集体精神的代表、受害者和推动者，而对于这个集体精神的岁月，我们要以世纪来计算。

他的行为和思维方式并非受劳芬教区牧师的影响和塑造，而是受那些逝者的集体精神的影响，这种精神塑造了他雕刻小人偶的方式，影响了他对石子的选择，使他在那个巨大的男性生殖器雕像中看到了某些东西。他的理论观点起初由怀疑引发，但后来通过在怀疑中保持坚定而得到了发展。有些人可能认为，先天柏拉图式的观念在荣格在世时已经过时了，毕竟那是一个经验主义和实证科学的时代，但荣格却为它们注入了新的活力。怀疑，无论是在他耳边低语，还是被他控制和利用作为一种武器，都从未远离过行动本身。

总结

- 荣格是一位革命性和颠覆性并存的思想家，正如 J.B. 普里斯特利（J.B. Priestley）所言，他是一位"灵魂的医者"，改变了我们对心灵本质的看法。
- 对弗洛伊德理论的怀疑推动了荣格的研究工作。他并不满足于弗洛伊德关于神经症性起源以及压抑在这一过程中所起作用的观点。他认为，这些因素或许在神经症中起到一定的细微作用，但绝不可能是全部。
- 荣格先是批判了弗洛伊德的理论，进而批判了弗洛伊德本人。
- 荣格认为，弗洛伊德沉迷于性，同时他还尖酸刻薄、心存偏见且情绪不稳定。

- 这也许是一种策略，用以说服荣格自己，让他相信自己才是正确的，从而消除对自己理论的怀疑。

- 这并不是荣格第一次因为怀疑而拒绝一种学说，进而拒绝该学说的传播者。

- 荣格在三岁时做了一个梦，这个梦深刻地影响了他，而他大半生都对此保密——他梦见一个巨大的男性生殖器立在宝座上，像天空中的上帝，但梦中这个国王却在地下。这个梦是一种启示，揭示了上帝的本质和我们的存在。

- 荣格拒绝接受身为牧师的父亲所信奉的基督教，也拒绝了教会本身，他对两者都进行了批判。

- 荣格雕刻了一个小人偶，连同一块石子一起隐藏了起来，并埋藏了这个秘密。后来，他把小人偶和石子看作原始而古老的无意识仪式，这些仪式是在没有刻意指导和经验的情况下传授给他的。

- 荣格对自己的解释毫无怀疑，这就是他原型理论和集体无意识理论的基础。他认为，集体无意识具有天生的知识，每一代人都会无意识地传递下去。

- 有时，人们很容易将怀疑视为一个具有某些属性的同质实体，这些属性在个体内要么是积极的，要么是消极的。但就荣格而言，怀疑被用作推动他自己观点的初始动力，但必须通过攻击这些竞争观点背后的个人和机构来消除怀疑，然后控制和调动怀疑，使他的观点得以发展和成熟。

- 如果没有三岁时的那个梦，荣格也许永远不会形成对心灵的宏大有机视角，也永远不会将灵魂重新融入哲学理论之中。但似乎他对这个梦的记忆（他声称具有"原始的清晰性"）或其解释的可靠性和细节都毫无怀疑。

- 怀疑看上去可以源自梦境——源自无意识。
- 梦可以改变一个人，使他们成为一个怀疑者。
- 但怀疑总是有一定程度的选择性存在。根据荣格的观点，梦的内容、回忆的准确度以及梦的意义都是毋庸置疑的。

04

DOUBT

感觉自己像个骗子

冒名顶替综合征的心理剖析

卡夫卡曾言，他早年的生活就像一名有欺诈行为的银行职员，在家里东躲西藏，紧张不安地等待着被揭穿和被羞辱。求学时，他甚至会认为自己屡次在考试中取得好成绩会引起老师的注意，进而会看透他薄弱的伪装，将他拖到全班同学面前，揭穿他是班上最无知的孩子、一个靠作弊获取成功的人。他要么是作弊，要么就是考试时运气好、压中了考试内容，甚至可能偷看了试卷。抑或，最糟糕的是，这个男孩只是狡猾地琢磨出老师想要的答案，然后在课堂和考试中鹦鹉学舌般地复述出来罢了。这些念头一直困扰着他，使他终日如伫立于达摩克利斯之剑下般惴惴不安。在面对父亲时，卡夫卡也总是焦虑、犹豫、沉默。卡夫卡表示，这一切都源于父亲的"长期不认可"和"贬低性的评判"。卡夫卡会把自己的作品留给父亲看，但这些作品却被父亲所忽视，甚至遭遇冷漠的对待。他渴望赞美、关爱和鼓励，但却一无所获；与之相反，得到的只有威胁、恐吓和恐惧。卡夫卡说，他甚至无法正常思考，他时常觉得自己是个冒牌货、骗子，假装自己是一位有文化、有学识的作家，但随时会蒙羞，随时会被揭穿。

卡夫卡似乎并不是唯一有这种感觉的人。事实证明，许多成就斐然的人在"内心深处"都有一种自己是冒名顶替者或骗子的感觉。这是一种非常隐秘的自我怀疑，鲜有人谈论，却会给当事人造成实实在在的心理影响。用耶鲁大学心理学家约翰·科利吉安（John Kolligian）和罗伯特·斯腾伯格（Robert Sternberg）的话来说，就是"令人苦恼，难以适应"。我们这些深受其苦的人会将它很好地隐藏起来，但它同时也让我们极为苦恼。

当代心理学界对这一现象的兴趣始于 1978 年保利娜·罗斯·克兰斯（Pauline Rose Clance）和苏珊·艾姆斯（Suzanne Imes）在《心理治疗：理论、研究与实践》（*Psychotherapy: Theory, Research and Practice*）杂志上发表的一篇文章。这篇文章基于这两位研究者对 150 多名非常成功的女性的观察产生，这些女性要么是"各自领域的杰出专业人士"，要么是"因其学术上的卓越成就而获得认可的学生"，这些观察是通过研究者的心理治疗实践，或在与大量大学生一起的团体和大学课堂上进行的。克兰斯和艾姆斯指出，尽管这些女性拥有优异的学历、学术荣誉、赞誉和专业认可，但她们并没有将这些成功内化，反而认为自己是"冒名顶替者"。她们将自己的成功归因于运气，甚至可能更糟，归咎于管理上的失误。她们认为，自己已经成功欺骗了周围的人和权威人士，比如她们的院长或校长，并担心自己随时会被揭穿。这种担心被揭穿为"冒牌货"的焦虑让她们夜不能寐。她们坚定地认为自己就是冒名顶替者。

这篇经典的心理学论文虽然阐述了这一现象的起源，但并不全面。在研究者对这一现象进行发现的过程中，存在着一个重要的遗漏，即这种隐秘性很高的自我怀疑的起源比研究得出的结果更具个人色彩。保利娜·罗斯·克兰斯在其学校的个人主页上坦言，她对这一现象的首次意识源于她自己的个人经历，她之前在肯塔基大学研究生院的时候就亲身经历过这一现象，以至于后来她提出了这个概念来描述自己的经历和自我怀疑。对于当时的经历，她解释道：

> 我当时面临一场重要的考试，非常担心自己考不好。我记住

> 的都是自己不懂的东西，而不是已经掌握的知识。我身边的朋友
> 对我的担忧渐渐表现出厌烦，无奈之下我只好把这种担忧和自我
> 怀疑藏在心里。我认为我的恐惧缘于我的教育背景。

她怀疑自己的能力，但没有说出口，直到她开始从事自己的第一份学术研究工作。当时她在一所知名的文理学院任教，意识到那些来找她咨询的学生也有同样的经历，于是她注意到她身边的许多女同事也有着同样的感受。

这所"著名的文理学院"就是久负盛名的欧柏林学院（Oberlin College），它是一所位于美国中西部俄亥俄州东北部的小型精英学院。对保利娜·罗斯·克兰斯来说，欧柏林学院相比她本科就读的林奇堡学院（Lynchburg College）无疑是一个巨大的飞跃。欧柏林学院于 1833 年由长老会牧师约翰·J. 希费尔德（John J. Shipherd）和传教士菲洛·P. 斯图尔特（Philo P. Stewart）共同创办，他们的使命是"为西部最荒凉、最广阔的地区培养教师和其他基督教领袖"。这所学院历史悠久，不仅是美国最早的男女同校学院之一，似乎也是世界上第二古老的依旧在持续运营的男女同校高等教育机构。1837 年，欧柏林学院开始招收女性本科生；它也是美国第一所招收黑人学生的学院，即从 1835 年就开始招收黑人学生；1862 年，玛丽·简·帕特森（Mary Jane Patterson）获得教育学学士学位，成为美国首位获得大学学位的黑人女性。这是一所肩负提高所有少数族裔地位使命的精英高校，然而，少数族裔地位的提升之路似乎依旧存在阻碍，而且当下的这些阻碍往往更多地来自内部而非外部。

克兰斯和艾姆斯曾写道：

在我们的样本中，女性专业人士觉得同事和管理人员对她们的评价过高。一位女教授说："我不够优秀，不配在这里任教。选拔过程中肯定是出了什么错。"另一位担任系主任的女教授表示："很明显，我之所以能坐上这个位置，是因为我的能力被高估了。"还有一位女士拥有两个硕士学位、一个博士学位，曾发表过多篇著述，但她却认为自己没有资格教授大学补习班的专业课程。换句话说，这些女性认为自己实际上并不聪明，因此会找到无数方法来否定任何与该想法相悖的外部证据。

克兰斯和艾姆斯解释说，这些女性从客观指标上看都是成就斐然的人，但却无法将她们的成功内化，也不会为她们的成就邀功。她们会对新任务和挑战感到担忧，因为每一项新任务都有可能暴露她们是骗子。这些自称冒名顶替者的人会担心，自己最终会被某个重要人物发现她们在智力上确实是冒牌货。其中一位受访者说：

> 我曾坚信，在参加博士资格考核时一定会被人发现自己是个冒牌货，在我看来终极考验正在逼近。从某种意义上来说，我对自己马上要被揪出来的结果感到些许宽慰，因为终于可以不用再伪装下去了。但当主考官告诉我，我的回答非常出色，我的论文是他整个职业生涯中见过的最好的论文之一时，我震惊了。

这些女性的自我形象被扭曲，无法将成功内化。她们难以接受他人的赞美，因为她们认为自己不配，也害怕别人发现她们缺乏知识和能力。她们往往更喜欢低层次或挑战性较小的职位，以免暴露自己，并会想方设法否定那些印证自己潜在能力的客观证据。有趣的是，许多人会通过实施各种仪式性的行为来确保自己成功。这些仪式是她们可以控制的，可以用来改变（至少是暂时改变）她们关注的焦点，但这种做法只能提供暂时的安慰。1987 年，克兰斯和奥图尔（O'Toole）评论说，事实上，许多女性非常"聪明"，擅长否定那些足以证明她们能力的外部客观证据。两位研究者紧接着对那些经常出现冒名顶替现象的"典型女性来访"的特征进行了如下的描述。

- 一遇到即将来临的考试或项目截止日期，她们就会出现极大的怀疑或恐惧，并质疑自己是否会成功。
- 内向的人比外向的人更容易出现这种现象。
- 害怕被评价或接受评审，害怕真相被发现。
- 害怕失败，害怕在同事面前"出丑"。
- 对自己的任何成功都感到内疚，因为她们认为那不是"真实的"。
- 她们发现自己很难处理积极的反馈，因为她们认为这种反馈不合理。
- 克兰斯和艾姆斯强调，这些女性并不属于任何单一的诊断类别，但最常报告的临床症状是"广泛性焦虑、缺乏自信、抑郁，以及与无法达到自己设定的成就标准相关的挫败感"。
- 她们会在高估他人能力的同时低估自己。
- 她们会以一种特定的方式理解"智力"的含义（以及关于智力的迷思），这反而对她们自己不利。
- 她们经常成为"虚假且非肯定的家庭信息"的接受者，这些信息含蓄或直接地拒绝承认她们的特定优点，与她们从别处听到的关于自己能力的信息相矛盾。

这篇堪称经典的论文，还存在着其他令人惊讶之处，考虑到保利娜·罗斯·克兰斯在撰写这篇论文时曾在几所男女同校的教育机构（先是欧柏林学院，后是佐治亚州立大学）工作过，但在这篇经典论文中，男性却鲜少被提及（也从未被分析过）。当然，这篇论文中进行分析的样本完全是女性，且大多是在其他方面存在严重偏差的女性，包括种族、民族、社会阶层、教育水平和心理状况等方面，其中很大一部分样本还存在心理问题（除了冒名顶替现象），需要接受咨询。就此，克兰斯和艾姆斯对样本的构成进行了解释：

> 研究对象包括：一所位于美国中西部、学术声誉良好的小型男女同校私立学院的 95 名女性本科生和 10 名女性博士教师；一所位于南部大型城市大学的 15 名本科生、20 名研究生和 10 名教师；来自北部和南部大学的 6 名医科学生；以及来自法律、人类学、护理、咨询、宗教教育、社会工作、职业治疗和教学等领域的 22 名职业女性。她们主要是 20 ~ 45 岁的中上层白人女性。大约三分之一的研究对象存在着特定问题（冒名顶替问题除外）的咨询来访，另外三分之二的人参加了由我们授课的以成长为导向的互动小组或课程。

当然，鉴于这样的样本，我们在研究冒名顶替现象在不同性别、种族、阶级等群体中的发生率，以及其与广泛性焦虑等其他心理问题的联系以期得出更普遍的结论时必须格外谨慎。据推测，许多寻求咨询并被纳入样本的学生都存在广泛性焦虑及类似问题。

研究者在面临如此具有偏见性的样本的基础上，在尝试从更广泛的角度揭示冒名顶替现象的病理原因时，也必须更加谨慎。但即便如此，克兰斯和艾姆斯也确实就此提出了几种机制。这些机制目前所存在的一个显著的问题是，同样的机制是否也适用于男性？她们就此写道：

尽管有一致且令人印象深刻的相反证据，为什么这么多聪慧的女性却依旧会将自己视为冒名顶替者（假装聪明但实际上并非如此）呢？这种信念的起源和动力是什么？坚持这种信念又有什么作用呢？

克兰斯和艾姆斯说，根据她们的观察，在早期家庭背景层面，这些"冒名顶替者"通常可以分为两类：其中一类，其兄弟姐妹中有一个被认为是家庭中"聪明"的成员；而另一类，她们则会被告知，自己是家庭成员中那个"敏感"或情商比较高的成员。这些受访女性说，父母早期分配的角色会对她们产生深远的影响：

> 她内心的一部分相信家庭神话[①]，而另一部分则想要推翻它。学校给了她一个机会，让她尝试向家人和自己证明自己很聪明。她成功取得了优异的成绩、学术荣誉和老师的赞誉。她对自己的表现感到满意，并希望家人能够承认她不只是一个敏感或迷人的女孩。

但家人却仍视而不见，继续把所谓的更高的智商安插在那个相比之下学业成绩往往较差的"聪明"的兄弟姐妹身上。因此，冒名顶替者开始寻找其他方法来证明自己的智力水平，但同时内心却也开始产生了对自己智力的怀疑（毕竟，这是她反复被告知的事情），并开始怀疑自己获得高分并不是因为智力，而是通过对教师期望的敏锐察觉、自己的社交技能

---

① "家庭神话"（family myth）由费雷拉（Ferreira）在 1963 年提出，指的是一种歪曲事实的而又为人们共同认可的观念。这种观念为家庭所利用，作为逃避焦虑的一种自我防御。——译者注

或"女性魅力"等其他手段（当然，克兰斯和艾姆斯在这里的论点以及使用这一特定术语的隐含意思是，男性兄弟才是那个被告知"天生"聪明的人）。克兰斯和艾姆斯认为，经历冒名顶替现象的第二类女性面临着不同的家庭动态。在这类家庭中，家庭成员会向女孩传达的信息，是她在各个方面都优于其他孩子——不仅仅是智力方面，还包括个性、外貌和天赋。用克兰斯和艾姆斯的话来说就是：

> 如果她愿意，就没有什么是她做不到的，而且她能轻松做到。家人会告诉她很多例子，来证明她在婴儿和幼儿时期就早早地展现了成熟的一面，比如很早就学会了说话和阅读，或者能背诵儿歌。在家人眼中，她是完美的。但这个孩子却慢慢开始有了自己无法做到任何想做之事的经历，也确实在某些事情上遇到了困难。尽管如此，她还是觉得自己有义务满足家人的期望，尽管她知道自己无法永远保持这种状态。因为无论她做什么都会受到无差别的赞扬，所以慢慢地，她开始不信任父母对她的看法。此外，她也开始自我怀疑。当她开始上学时，她对自己能力的怀疑就加剧了。尽管她表现出色，但她意识到自己必须努力学习才能取得好成绩。她已经内化了父母对聪明的定义，即"毫不费力即可做到完美"，并意识到自己无法达到这个标准，于是乎她得出结论，自己一定很笨，其实并不是什么天才。基于此，她将自己坚定地定义为一个冒名顶替者。

对这些遭受冒名顶替现象之苦的女性的早期家庭生活进行的观察，显然存在很多可以讨论的点。

首先，对家庭动态的描述是基于个体的叙述，而不是根据家庭或团体治疗中观察到的任何情况，也没有尝试通过与其他家庭成员的信息比对来重构过去的任何元素。当然，这些叙述本身可能就是建立并维持冒名顶替现象的关键因素，但克兰斯和艾姆斯并不是这样看待这个问题的。她们谈论"早期家庭历史"和"家庭动态"，使用诸如"她被肆意赞扬"之类的表述，都是以客观的行为术语来表达的，就好像她们拥有的是过去的镜头，而不是一个人对过去的感知和理解那样。我们真的需要谨慎为之，因为我们充其量只是在对个体过去的经历、感知和理解的不同版本进行处理，但不可否认的是，这些版本当然可能是关键的（就像它们对卡夫卡和其他人无疑是关键的那样）。正是我们对生活的理解推动着我们前进，并不断地产生怀疑，包括严重的怀疑。

其次，尽管从直觉上来说（尤其是在 20 世纪 70 年代初），这两类家庭动态可能对女性家庭成员更为显著，但并没有先验的理由表明它们不适用于男性成员。在我自己的家庭中，我能找到一些共鸣，我相信很多人也能。客观讲，我的哥哥比尔在学业上似乎并不那么有天赋——他小升初考试不理想，去了当地的中学，16 岁就退学去做电工学徒了。但我母亲总是说，如果他肯用心，他也能"和我们的杰弗里在学校表现得一样好"。言下之意是，比尔天生非常聪明（在没有接受过多年学术训练的家庭成员中也许是最聪明的），只是选择不去做而已，因为据推测，他可能有更好的事情要做，比坐在贫民窟的里屋埋头苦读要强。当我被困在家里时，他正在外面和朋友以及女友玩乐。当然，我母亲的这番话也可以被理解为在鼓励比尔，也许只是我太过敏感才会觉得另有含义。比尔总是告诉我，我做的作业比别人都多，这就是我成绩好的原因。不是因为聪明，而是因为努力。母亲告诉我，如果我这样学习下去，早晚要戴眼镜，而且（含蓄地）很难找到女朋友，也不会像我哥那样有机会与异性交往。直到我上了大学，近距离看到别人的学习状态，我才发现家人说的都是错的，我似乎比同学们下的功夫少，但成绩却比他们好得多。我哥后来放弃了电工的工作，成了一名职业登山者，在一次攀登喜马拉雅山的事故中不幸英年早逝，所以他从未见证过我后来的成功，也没有见证过我一路走来产生的任何忧虑和自我怀疑。

克兰斯和艾姆斯假设有两种不同的家庭动态与冒名顶替现象有关，这一点很有趣。第一种动态是与一个天生更聪明的兄弟姐妹进行明确比较，在这个家庭中，认为自己天赋不如兄弟姐妹的观念会被内化，即便成功也无法改变这一点。第二种动态是家庭给予的信任，即个体之所以能取得任何学业上的成功，是因为个体能力出众且只需付出很少的努力。就像克兰斯和艾姆斯写到的，"如果她愿意，没有什么事情是她做不到的，而且她能轻松做到"，而如果某个项目需要大量工作和努力（许多项目确实如此），那么她们一定是冒名顶替者，因为对她们来说本应毫不费力。但有人可能会认为，这些并不是相互排斥的类别，也不是不同家庭动态的特征，而可能是对不同时期的不同动态，甚至是不同家庭成员的不同动态，它们可以在同一个家庭和同一个孩子身上发生。毕竟，学习的特点是具有一定的持久性，从小学到中学再到大学，对一些人来说，甚至会一直延续整个学术生涯。在不同的场合、不同的时间，我们会说不同的话，并发表各种各样的观点。就连我哥哥在最后也改变了他的说法。"天知道你的聪明劲儿是从哪儿来的，"他说，"也许是我们的家庭医生，他总是花很长时间陪伴咱们的母亲。"当然，这只是他的一个小玩笑。但你可以想象，这两种不同的家庭动态（往往在同一个家庭中）会产生双重压力——既要证明你和其他兄弟姐妹一样聪明或更聪明，又要轻松做到。这一点对男性和女性来说可能同样适用，并且很难想出不适用的原因。

　　但是，这种归因方式对男性和女性是否会产生同样的效果呢？正如克兰斯和艾姆斯在她们的文章中所写的那样，我们需要在此刻考虑性别在归因方面的差异，以及所谓的归因风格的差异，即男性和女性是如何为生活中的成功和失败进行归因的。如果你将自己的学术成功归因于内部因素（"我很聪明"），而这些因素在不同时期都是稳定的，并有可能影响到你生活的其他方面，即所谓的全局归因[①]，那就意味着你为自己的未来构建了一套更具促进作用和更加积极的归因体系——尤其是当你将任何失败都归因于不稳定的外部因素（"考试太难了"）和具体因素（"只是那一门课的考试太难了"）时，这种归因风格可能会使你在面对失败时更具韧性，也更能抵御那些来自家庭成员的变化无常的评论所带来的影响。不同的研究者在这个方面都进行了相关的性别差异研究。例如在 1991 年，德博拉·J. 什季佩克（Deborah J. Stipek）和 J. 海蒂·格拉林斯基（J. Heidi Gralinski）在研究报告中指出，在数学方面，女孩对自己的能力评价低于男孩，预期表现也不如男孩，并且相较于男孩，她们更少将成功归因于高能力。1975 年，约翰·G. 尼科尔斯（John G. Nicholls）发现，到 10 岁时，女孩和男孩对成功和失败的归因方式就已经存在着显著的不同了。但也有其他的研究者表示，在成功和失败的归因方面并不存在显著的性别差异。但有一点是可以确定的，归因风格存在着显著的个体差异，而且这些差异并非微不足道，对成功进行内部、稳定和全局归因的人往往更加乐观和幸福；而对失败进行内部、稳定和全局归因的人则更容易出现临床层面的抑郁症。当然，归因风格并非与生俱来，而是在社会化过程中逐渐形成的，家庭动态就很可能是一个强有力的影响因素。因此，即使我们发现男性和女性在归因风格上存在显著且一致的性别差异，即男性更倾向于将成功内

---

① 全局归因（global attributions）指将成功或失败归因于个体整体的能力或特征。——译者注

化并做出更乐观的归因，我们也不能做出必然性假设，在克兰斯和艾姆斯所指出的"家庭动态"发挥作用的整个发展过程中，这种归因风格一直作为一种潜在的缓冲因素存在。这种家庭动态可能从一开始就在潜在的思维模式建立过程中起着帮助作用。

克兰斯在其发表的作品中一贯认为，即便在男性中也会观察到冒名顶替现象，只是这种现象对女性的影响更大。但是，这似乎只是一种个人观点，而非基于确凿证据的观察结果。实际上，她和伊姆斯都明确地将她们的这种假设作为一种观点提了出来。她们曾应美国一所私立大学的邀请，就 1969—1973 年间在该校攻读荣誉学位的性别差异进行了讨论，并写道：

> 为什么这对女性的影响更大？尽管男性也有冒名顶替的恐惧，但导师、教师和社会的鼓励使他们能够克服这种恐惧，继续前行及取得荣誉。他们被鼓励克服恐惧，追求成功。

但在我看来，该表述并没有完全说到点子上。很显然，她们所调查的女性，无论她们面对着怎样的内心或外界焦虑，无疑也受到了鼓励去追求成功，否则她们一开始就无法进修欧柏林学院或佐治亚州立大学的荣誉课程（更不用说成为教师了）。

克兰斯和艾姆斯的观察中显然带有卡夫卡的影子。但很显然，卡夫卡认为，他可以将自我怀疑的根源以及自己冒名顶替现象的体验归咎于他的父亲以及儿时父亲对他的态度。换言之，这是从卡夫卡在家庭动态中的视角出发的。然而，正如我们所见，克兰斯和艾姆斯的研究重点仅聚焦在了那些成就颇高的女性身上，这使得许多人认为这是女性所独有的一种准临床现象。那么，这些研究与卡夫卡自身的经历是否相关呢？答案似乎是肯定的。在过去的 40 年里，我们对不同性别冒名顶替现象的发生率有了更多的了解。2019 年刊发的一部涵盖了 62 项研究、涉及 14 000 多名被试的关于冒名顶替现象的系统综述中，就有 33 篇比较了不同性别的冒名顶替现象发生率的文章——其中 16 项研究发现女性的发生率明显较高，但另有 17 项研究却未发现显著差异（鉴于期刊往往不发表非显著性研究结果，这一比例非常高）。也就是说，冒名顶替现象同样影响着男性，显然许多男性也确实有过冒名顶替者的感觉。

和保利娜·克兰斯一样，我也有过强烈的冒名顶替的感觉，那是我在大学不同学历之间过渡的阶段（或许类似于克兰斯刚进入欧柏林学院时所经历的那样）。我在回忆录《无私》（*Selfless*）一书中对这个过渡的阶段进行了描述。我当时以一等成绩毕业于伯明翰大学，并陆续收到了牛津大学、剑桥大学等好几所顶尖大学的博士录取通知，最终我选择了剑桥大学。根据要求，我必须申请剑桥大学中的一所学院，思考之后我向三一学院递交了申请。三一学院是牛津大学和剑桥大学的所有学院中最伟大、最负盛名的学院，这里培养出的诺贝尔奖得主比整个法国还多（这是三一学院老生常谈的话题），还有六位英国首相（都是保守党人或自由党人）、数位英国国王和未来国王（爱德华七世、乔治六世、查尔斯王子）、伟大的科学家、艺术家、哲学家、数学家和历史学家（艾萨克·牛顿爵士、卢瑟福勋爵、尼尔斯·玻尔、丁尼生勋爵、拜伦勋爵、弗朗西斯·培根爵士、伯特兰·罗素、维特根斯坦、查尔斯·巴贝奇、G.H. 哈代、麦考莱勋爵、G.M. 特里维廉、E.H. 卡尔）。我从未想过自己真的能被录取，觉得当初申请几乎就是一种冒险。我申请的心理学系的导师是布赖恩·巴特沃斯（Brian Butterworth）博士，他面试我的情景至今仍记忆犹新。为了这场面试，我特意买了一条领带和一套西装，没想到新买的白衬衫非常不合身，穿上之后我感觉自己快被勒死了。而布赖恩则穿着皮夹克面试我，面试刚开始的时候，我就花了宝贵的几分钟时间为自己的窘相道歉，并解释说自己平时不穿西装，也不打领带。说到一半时，我还把领带松开了，当时的我看起来就像喝到打烊时的醉汉。我试图用这套西装掩饰自己的工人阶级家庭出身，但布赖恩的皮夹克让我明白，在三一学院衣服起不到任何伪装的作用，但仍然可以作为权力和权威的象征——有权力和权威的人想怎么穿就怎么穿。尽管他不喜欢我的着装，但他喜欢我工作中一丝不苟、略显偏执的那股劲头，于是还是给了我一个入学的机会。

在那个秋季学期，布赖恩迎来了三名新的对语言感兴趣的博士生。其中一人对语言哲学感兴趣，一人对语言发展感兴趣，而我则对作为认知活动指标的言语停顿感兴趣，希望以此揭示自发言语背后的心理语言学过程，因为停顿意味着犹豫。他问我们中有谁愿意先去为他新成立的研究小组做研讨会演讲，我自告奋勇，表示愿意根据我的一篇长论文做一次演讲，这篇论文是对应用于语言领域的人工智能的批判。毕竟，这篇论文获得了伯明翰大学心理学论文的最高分。我当时还被告知这篇论文完全可以发表，就像我的学位论文一样。当我自告奋勇时，我的脸上暂时露出了自信的笑容。

于是，我离开家在孤独的大学宿舍撰写演讲稿，目光越过屋里那幅我来剑桥大学的第一天就买下的拉斐尔前派画家亨利·沃利斯（Henry Wallis）的画作《查特顿之死》（*Death of Chatterton*）的海报，凝视着窗外伯勒尔球场的风景。这是我在剑桥大学特有的一种情结，画中是 17 岁的英国早期浪漫主义诗人托马斯·查特顿（Thomas Chatterton），尽显浪漫主义的英雄形象，他早熟的才华遭到排斥和鄙视，最终服砒霜死在了床上。画中的窗户与伯勒尔球场有几分相似——我很快就注意到了这一点，但相似之处仅此而已——当然，还有那种预料中的排斥感。我已然开始感受到了这种排斥，20世纪70年代的剑桥大学三一学院里，并没有像我这样的人，所以我注定会被排斥。但我确信，我之所以能来这里，是因为我确实有些才华，我一直试图这样告诉自己，但严重的怀疑也已经开始出现了。我在伯明翰大学时，导师们的鼓励帮我小心翼翼地构建起了一座大厦，而现在这座大厦却出现了裂痕。有时，你满怀信心地写下一个句子，但当你必须大声说出来，并可能因此受到质疑时，情况就不一样了。我在论文中使用的几个论据，现在我自己都不太相信——事实上，我并不能完全确定自己是否充分理解了其中一些基本论据的复杂性。怀疑无处不在，但我也在试图把这些消极的想法抛诸脑后，比如告诉自己"肯定没人会问到这个的"。

我们的研究生办公室和布赖恩的办公室都位于低温大楼的顶层，就在剑桥大学唐宁校区的著名心理学实验室对面。研讨会将在主楼的研讨室举行。我坐在那里，膝上放着写有演讲稿的醋酸纤维板，等待着听众的到来，我想听众应该是研究生同学。布赖恩坐在我旁边，对每个进屋的人都进行了一番评价：

约翰·莫顿（John Morton）教授，你可能听说过他的单词产生模型，其实我对他的模型有很多疑问，当然他也知道我所抱持的反对意见，我们还经常为此争论不休；这位是伯纳德·科姆里（Bernard Comrie）博士，他非常聪明，是一位研究语言普遍性的语言学家……还有布赖恩·约瑟夫森（Brian Josephson）教授，他是个人物，去年他因为在剑桥大学读博期间所做的实验工作获得了诺贝尔物理学奖，当时他才22岁。不过你不必担心他，说到心理学甚至在人工智能方面，他只是个热心的业余爱好者，虽然人工智能更接近物理学，他对此也就略知一二。

布赖恩被自己的笑话逗笑了，礼貌而安静地笑了笑，但并没有停止对来听研讨会的人的介绍。我觉得自己已经开始发抖了，坐在前排的另外两个博士生一直咧着嘴对我笑。

研讨开始前，布赖恩对我进行了介绍，我只记得听到了"伯明翰"这个词，仅此而已。我的注意力明显集中不起来，当我试着开口说话时，说出的第一个词竟然是"啊"，这甚至都不是一个词，充其量只能算是一个填充性的停顿、一个夹杂着噪音的犹豫，而这正是我打算研究的东西。我的声音有些颤抖，我确信前排的人现在笑得更厉害了。贝尔法斯特人的口音即使是在最好的情况下，也会带着一种抑扬顿挫的感觉，句子的结尾处语调会上扬，就好像我们一直在提问，或者对自己说的话不太确定一样。我继续讲了大约 10 分钟，向他们抛出了一连串听起来像问题一样的陈述，伴随着停顿、重复，我现在开始每隔一句话就说一次"你知道的"。这是一句非常典型的贝尔法斯特市工人阶级口头禅。这时，研讨室后排有一只手举了起来，一瞬间将我拉了回来，也在一瞬间让我感觉到房间里突然变得暖和了很多。所问的问题正好是我事先就意识到的我最薄弱的部分，是我知识最贫乏的地方，也是我理解力最薄弱的地方。这是我最害怕的问题，它会让我彻底暴露无遗。部分原因在于问题的措辞，提问者以这样的措辞开始提问："很明显，你并不是在说……"

提问者的这个开场之后，我几乎什么都没听进去。他显然是在暗示，只有傻瓜才会说出我刚才阐述的那些话。我记不清他究竟是心理学家还是语言学家，是世界级专家还是热心的业余爱好者，是诺贝尔奖得主还是偶然闯入的技术人员，屋里所有人的名字和身份在我脑海里都变得模糊不清。我太紧张了，几乎什么都记不起来了，我甚至还在思考维特根斯坦（Wittgenstein）本人是不是也来了。事实上，就在那一刻（真是尴尬极了），我都记不清维特根斯坦是活着还是去世了，我只记得几天前听人说，他喜欢在下午去剑桥大学的艺术剧院吃猪肉馅饼，这听起来真是很有时代感。也许，此刻屋里出现的正是维特根斯坦的灵魂，要揭露我哲学上的谬误。我看不到提问者的脸，也许根本没有人提问，也许是我凭空想象出来的，也许是我的良心在说话，在骂我，骂我是个骗子。

这时有人插话，随后又有另一个人插话："不是，他当然不是这个意思。只有傻瓜才会……"我真想把自己的耳朵给堵上，他们争论着我到底想说什么、我要表达的到底是什么。有人认为我学识渊博、见解深刻，有人认为我所说的只是一种讽刺，有人认为我只是在挑衅，"他成功了"，突然后面传来一个学识渊博且非常文雅的声音。

但这只是开始。紧接着，他们开始争论实质内容、理论、潜在的认识论假设、语法、类型学、隐含意义、语言共性、布尔逻辑、模糊逻辑、神经元、信号检测理论、神经网络、数学、物理学，除了我外每个人都有话要说。我坐在那里无话可说，浑身颤抖，试图控制自己更明显的身体动作。

大约一个小时后，布赖恩再次掌控了局面。他说："都很有趣，但我肯定杰弗里对此还有很多话要说。我想我们应该让他继续说下去。"于是，所有人的目光再次聚焦在我身上。

这次我的停顿时间更长了，然后以非常长的一声"啊啊啊啊啊"结束，好像脖子被捅了一刀，我听到自己说"我想我要说的要点大部分都已经说过了"，然后就停住了。接着，这群人开始彼此交谈，前排的人仍然咧着嘴笑，而布赖恩似乎转过身去和别人聊天了。我双手紧握，直直地盯着前方坐着，手上的汗水把醋酸纤维板上的非永久性墨水都晕开了，看起来就像女人夜晚哭泣后脸上的泪痕，睫毛膏弄得到处都是。

研讨会结束之后，与会者大多都去了酒吧，而我则回了家。不，我没回家，我回到了伯勒尔球场旁我自己的宿舍，脑海里一片空白。我茫然地盯着窗外，害怕得连内心的对话都无法启动。

自那以后，我每周都会去那个研讨小组，持续了一年，再也不敢开口了。我之所以意识到这一点，是因为每周研讨会上所有的问答都有记录，而我的名字却完全没有出现过，布赖恩也曾向我指出过这一点。我觉得自己完全是个冒牌货，显得格格不入。其他人都很聪明，不仅在心理学领域，而且在所有方面都知识渊博，诸如那些我毫无见解的事情、那些我从未想过的事情、那些我从未听说过的事情。我觉得自己已力不从心，我觉得我当初摸透了伯明翰大学的讲师们在论文和考试中想要的东西，而我就好像欺骗了他们。我就是在耍小聪明，而不是真正的聪明人，甚至不如我们街上那些真正懂得如何在街头生存的孩子。我只是比大学里的那些人更会混社会罢了，他们是中产阶级，认识不到这一点。但现在情况不同了，我已经暴露了，这无异是一种公开的羞辱。

最终，布赖恩把我叫到他的办公室，解释说如果我不发言，他就不再邀请我参加小组活动了。于是，在一次研讨会上，我鼓起勇气提了几个问题，但是，当我在一周后看记录时，本该出现我的名字的地方却只有一个问号。没人知道我是谁了，我变得默默无闻。我还注意到一点，就是当我提那些问题时，我已经有了非常明显的口吃，而这种情况在提问的大部分时间里都会有。

我曾在本科毕业论文中证明过，你可以通过改变社交环境，以及用明显的负面评价来"惩罚"空白无内容的停顿，从而让平时说话正常的人产生停顿性犹豫。所以当下，我需要改变自己的社交环境，而我认为只有一种方法可以做到这一点，即好好学习。我去上语言学课程，晚上去三一学院听哲学和文学讲座，还去参加应用心理学组的乔叟俱乐部（Chaucer Club）举办的研讨会。我之前一直沉浸在一种虚假的安全感中，现在我意识到，这种状态完全是基于自己到目前为止取得的那一点微不足道的学术成就（以及我在街头摸爬滚打积累的一点小聪明）而出现的。我认识到，自己还有很长的路要走，需要更多的背景知识和自信来支撑自己。我必须培养一种内在的批判能力来审视自己的想法，并意识到在社交或学术场合不能让别人来批判我。我需要提前挑战自己，即便是坐在那里一言不发，只是做着手势，和自己来回辩论，就像演木偶戏《庞奇与朱迪》（*Punch and Judy*）那样也没关系。我坐在国王大道的铜壶咖啡馆里，一边喝咖啡一边自言自语，内心的对话有时还会流露到满是外国留学生和旅游者的尴尬社交场合中，这看起来可能会显得有点格格不入，但这是我必须付出的代价。我对自己说，这就是剑桥。

　　然而，我母亲现在还确信的一点是，对我来说学业很轻松，没有任何压力。克兰斯和艾姆斯提出的这一点确实是对的，但那年我的情况并非如此。我知道自己的知识存在巨大缺口，我必须补上。我不想让我的母亲发现真相，我也无法跟她谈论我的工作、剑桥大学的学业或我的生活。她说我变得非常沉默，但冒名顶替者就是这样，要保守秘密。有些人试图争辩，说冒名顶替现象并不一定是一件坏事。这种情况有一个被忽视的益处，即这种经历可以驱使人们更加努力地去取得成功。斯蒂芬·加德比（Stephen Gadsby）就认为："在学术等领域，你需要付出相当大的努力才能取得成功，而在这些领域，认为自己缺乏能力会产生一种激励而非阻碍作用。"对我来说的确是这样的，但显然不是对每个人都如此。

朱莉·万特（Julie Want）和萨比娜·克莱特曼（Sabina Kleitman）在其研究中就发现了相反的情况——他们观察到，冒名顶替综合征与自我设限的倾向之间存在相关性，这涉及在评价过程中设置障碍，以便将可能的失败归咎于障碍，如考试成绩不好归咎于准备不充分，而不是归咎于自己。这样你就可以保护自己的自我形象，因为任何失败都不会反映在你本人和你的能力上。很可能个体会因此自我毁灭。有趣的是，这项研究还发现，父爱的缺失和父亲的过度保护与孩子的冒名顶替现象之间存在相关性。他们的样本中有 37% 是男性，并得出以下结论：

> 研究发现，父亲的角色在冒名顶替者心态的发展中可能尤为重要，这一观点为有关冒名顶替者家庭背景的文献增添了新的重要内容……过度保护孩子的父亲可能对孩子的成就存在自恋式的介入，而冒名顶替者对自己的自我批评可能是将父母对成功的渴望内化于心的结果。

这基本上又把我们带回到了卡夫卡和他的那封信上，但这对我没有任何帮助。上中学时，我没有一个对我的学业有着自恋式介入的、过度保护的父亲，那时他已经去世了。但他的离世可能引发了我产生其他的怀疑，并泛化到了我对自己的看法上。20 世纪 70 年代，冒名顶替现象似乎被研究者再次关注，人们认为这种现象主要涉及女性，自然也没有人会对完全排除男性的研究提出异议。现在我们明确地知道，冒名顶替现象比这更普遍，而且不分性别、种族、社会阶层和年龄。我们对于它是如何以及为何发展而来的知之甚少。2006 年，万特和克莱特曼在他们的文章结尾就曾告诫说："还需要进一步研究父亲在冒名顶替心态发展中的作用。"我觉得我们仍在等待。

在其整个研究过程中，保利娜·罗斯·克兰斯对"冒名顶替现象"这一表述的使用一直非常谨慎。1991年，耶鲁大学的约翰·科利吉安和罗伯特·斯腾伯格提出了"冒名顶替综合征"是否存在的问题。他们批判了冒名顶替现象量表（Impostor Phenomenon Scale，IPS）的总体建构效度，并引用了一些诸如帕特里克·W. 爱德华兹（Patrick W. Edwards）等研究人员发现的证据指出，与早期研究中报告的较高的0.75信度相比，该量表的总体内部一致性信度（α=0.34）低得令人无法接受。他们认为，我们需要更仔细地思考构成感知到的欺诈体验的要素，并确定了可能导致感知欺诈的几个不同的倾向性因素。第一个因素是抑郁症状——感知欺诈程度较高的人可能具有扭曲的归因过程（克兰斯和艾姆斯也曾指出），这与抑郁认知、躁郁情绪和低自尊有关。尽管他们无法将成功内化，但他们却为自己设定了一个很高的标准，这导致他们始终惧怕失败。研究者提出的第二个因素是与评估和社交情境相关的社交焦虑——感知欺诈程度较高的人尤其容易对负面结果和作为欺诈者的暴露感到焦虑。感知欺诈的第三个因素是高度的自我意识和对他人反应的过度关注。感知欺诈程度较高的人可能认为，其他人会像自己一样关注对方的想法和行为。约翰·科利吉安和罗伯特·斯腾伯格表示，这可能会导致极端的印象管理和自我监控，"旨在塑造他人的意见"。研究人员开发了一种新的、信度更高（α=0.94）的51个项目的感知欺诈量表（Perceived Fraudulence Scale，PFS）。该量表包含两个主要因素：因素1"不真实性"，如"在某些情况下，我觉得自己就像'伟大的伪装者'，即我并不像其他人认为的那样真诚"；以及因素2"自我贬低"，如"当别人称赞我的学术或专业能力时，我有时会发现自己找借口解释称赞，以消解称赞"。该量表还包括对各种成就压力以及各种抑郁、自尊、自我监控、社交焦虑的测量，以及使用形容词清单和访谈对开放式想法和感受的报告。因素1（不真实性）与自我监控的测量以及抑郁症状的自我批评方面、成就压力和社交焦虑相关性最高，与自尊呈负相关。这一因素代表了感知欺诈的一个重要组成部分，是高度的自我监控或印象管理技能与自我批评或痛苦的人格倾向的关键组合。该因素还与被试在访谈中对自己欺诈行为的自我认知得分呈显著相关。因素2（自我贬低）与抑郁的自我批评和依赖方面呈显著相关，与自尊呈负相关；它还与社交焦虑呈正相关；该因素还与开放式想法和感受中的负面情绪显著相关。

这是在理解冒名顶替现象上的一大进步。它表明，感知到的欺诈行为涉及"一种复杂的相互作用，包括不真实的观念、抑郁倾向、自我批评、社交焦虑、高度的自我监控技能以及追求卓越和成功的巨大压力……其临床代价高昂"。保利娜·罗斯·克兰斯曾将这一体验描述为"一种新现象和一种单一的人格综合征"（似乎暂时忘记了卡夫卡）；而约翰·科利吉安和罗伯特·斯腾伯格的研究表明，对欺诈的自我认知是"一种不真实和自我贬低形式的思维混合体，同时伴有对自身行为的关注和在评价情境中的焦虑"。

关于其发展过程，存在不同的解释模型。约翰·科利吉安和罗伯特·斯腾伯格更青睐的一种解释是，有欺诈感知的个体对自己高度自我批评，并对他人的评价感到焦虑。他们感到实现目标和追求卓越的巨大压力，担心他人会发现自己的弱点，就像他们自己已经意识到的那样。为了减少暴露的可能性，他们密切监控自己的行为以及他人的评价和反应，不断地审视自己——他们知道自己的弱点，以及如何试图掩盖这些弱点。如果他们不再如此仔细地监控自己，他们就会认为其他人不仅会看到自己的失败，还会看到自己多次的掩饰、欺诈行为、自我怀疑以及试图补救的尝试。

约翰·科利吉安和罗伯特·斯腾伯格将其命名为"冒名顶替综合征"，而非"冒名顶替现象"，这很可能就是卡夫卡所遭受的困扰。它是一系列过程，基于对自身弱点和缺点的过度批判性认识，以及如果你不再如此密切地监控这些弱点和缺点，它们就会泄露出来，所有人都会看到，从而导致当众被羞辱。它们是基于注意、控制和恐惧所产生的过程。许多心理学研究只关注这一复杂相互作用的具体方面，但实际上，它们之间的联系可能才是最重要的。但至少这是一种进步。

总结

- 在某些行业，特别是艺术、科学和学术界，感觉自己像个骗子的情况竟然相当普遍。
- 我们将这种现象称为"冒名顶替现象"或"冒名顶替综合征"。
- 用现代术语来说，弗兰兹·卡夫卡就患有"冒名顶替综合征"。
- 1978 年，保利娜·罗斯·克兰斯和苏珊·艾姆斯首次在一项涉及 150 多名非常成功的女性样本中的研究中发现了这一现象。这些女性要么是"各自领域的杰出专业人士"，要么是"因其学术上的卓越成就而获得认可的学生"。
- 保利娜·罗斯·克兰斯自己也曾受此困扰。
- 克兰斯和艾姆斯解释说，这些女性从客观指标上看都是成就斐然的人，但却无法将她们的成功内化，也不会为她们的成就邀功。
- 这些女性会对新任务和挑战感到担忧，因为每一项新任务都有可能暴露她们是骗子。

- 受此困扰的女性自我形象扭曲，无法将成功内化。

- 她们难以接受他人的赞美，因为她们认为自己不配，也害怕别人发现她们缺乏知识和能力。

- 她们往往更喜欢低层次或挑战性较小的职位，以免暴露自己。

- 她们还会想方设法去否定那些印证自己潜在能力的客观证据。

- 许多人会通过实施各种仪式性的行为来确保自己成功。这些仪式是她们可以控制的，可以用来改变（至少是暂时改变）她们关注的焦点，但这种做法只能提供暂时的安慰。

- 冒名顶替综合征是一系列过程，基于对自身弱点和缺点的过度批判性认识，以及如果你不再如此密切地监控这些弱点和缺点，它们就会泄露出来，所有人都会看到，从而导致当众被羞辱。

- 这些过程主要围绕着注意、控制和恐惧等过程展开。

- 一些人认为，这种情况有一个被忽视的益处，即这种经历可以驱使人们更加努力地去取得成功。

- 其他研究人员则报告了相反的情况，冒名顶替综合征与自我设限的倾向之间存在相关性，这涉及在评价过程中设置障碍，以便将可能的失败归咎于障碍，如考试成绩不好归咎于准备不充分，而不是归咎于自己。

- 这样个体就可以保护自己的自我形象，因为任何失败都不会反映在你本人和你的能力上。

- 冒名顶替综合征会让你自我毁灭。

- 有强有力的证据表明，男性和女性都会受到冒名顶替综合征的困扰。

- 事实上，冒名顶替综合征存在于所有性别、种族、社会阶层和年龄段中。

- 然而，我们确实需要更多地了解冒名顶替综合征是如何以及为什么发展的。
- 卡夫卡曾就父亲的作用提出过自己的理论，但还有其他几种说法，所有这些都需要进一步地研究。
- 有一些证据表明，过度保护孩子的父亲可能对孩子的成就存在自恋式的介入，这在冒名顶替综合征的发展中起到了一定的作用（这几乎让人联想不到卡夫卡的情况）。
- 从这一理论立场出发，冒名顶替者对自己的自我批评可能是将父母对成功的渴望内化于心的结果。
- 关于这一现象，我们还有很多需要了解的地方。

"我，就是王"

毕加索与怀疑的抗争

我当时身处纽约，试图了解某个名人。他显然有怀疑的问题，但只是从某种意义上说，他似乎从未因此受到过困扰。我当时离特朗普大厦很近，但我想见的并不是这位前总统，尽管他似乎也不怎么受怀疑的困扰。我想去了解的是一位更复杂、更具影响力的艺术家，他是一位因良好的心理原因一直令我着迷的画家——不仅仅是因为他的作品众多且极具创造力（或者他是个工作狂），还因为他似乎完全没有任何怀疑的问题。他的作品极具变革性，且据多位杰出的撰写他传记的作者所说，他的个性和思维方式是其作品变革性的关键，尤其是没有怀疑这一问题。

在怀疑和自我怀疑这个问题上，他与我截然不同。我很想弄明白这位名人为何会如此，这种显而易见的毫无怀疑的状态从何而来，以及是如何维持下去的。如果怀疑是有意识的生活叙事的一部分，且似乎经常可以追溯到特定的情境和特定的事件，那又是什么导致了个体丝毫没有怀疑产生呢？

这个人即便是在自己还是孩童时，也从未对自己的天赋、伟大或生活中将要取得的成就产生过任何怀疑，而这些信念几乎可以肯定，是他发挥潜能的关键。众所周知，在他19岁第一次前往巴黎之前，曾完成了一幅自画像，并在上面签了三次名。没错，不是一次，是三次——我，就是王；我，就是王；我，就是王。似乎他从小就是一位由崇拜他的女性组成的小型封闭国度的国王，许多人认为，这些早年的经历对他自尊心的形成至关重要。看起来，任何隐隐约约的怀疑似乎都被抑制住了。

这位画家 1881 年出生于西班牙南部的马拉加市，于 1973 年逝世。我之所以说他出生于 1881 年，是因为那一年，西班牙马拉加一户人家中降生了一个死婴，竟然传奇般地被救活了。毫无生命体征的婴儿降生之后，正当全家悲痛之时，这名婴儿的叔叔萨尔瓦多·鲁伊斯（Salvador Ruiz）医生点燃一根雪茄，深吸一口，俯身对毫无生气的婴儿鼻孔吐出烟雾，婴儿好像被呛到一样，瞬间有了动静，开始啼哭，绘画天才巴勃罗·毕加索就这样诞生了。这便是毕加索伟大传奇的一部分。这样的叙述对于我们如何处理自己的生活至关重要，而毕加索本人也喜欢这个故事。仿佛他是穿过房间里的烟雾，走上了伟大的舞台一样。萨尔瓦多先生也喜欢讲述自己如何赋予这个在母胎中就已是天才的生命的故事。这则故事已成为每位传记作家都会复述的天才叙事的一部分。像这样的天才和如此卓越的才华，从来都不容置疑。

这个孩子是何塞·鲁伊斯（Jose Ruiz）和玛丽亚·毕加索·洛佩兹（Maria Picasso Lopez）的儿子，他受洗礼时被命名为巴勃罗·鲁伊斯（Pablo Ruiz）。孩子的父亲是一位生于富裕家庭的艺术家，也是马拉加一所学校的美术老师。大家都说，他是一位传统且才华横溢的"学院派"艺术家，他坚信绘画需要严谨的训练，艺术是一门手艺，需要通过奉献、经验和练习来习得。他的画作细致入微，栩栩如生，是多年研习的产物。他非常喜欢以鸽子为主题作画——鸽舍里的鸽子、从碗里喝水的鸽子、鸽子正面、鸽子背面和鸽子侧面，尤其对鸽子羽毛的描绘堪称完美。羽毛非常难画，不仅需要高超的技巧和细心，还需要经过多年的练习。他画鸽子画得实在是太好了，以至于马拉加的一些人称他为"鸽子画家"。但他的孩子巴勃罗·鲁伊斯却与众不同，拥有着一种早熟的、不同寻常的绘画天赋。

毕加索的艺术天赋很早就显现出来了。在毕加索生命的最后阶段与摄影师布拉塞（Brassai）聊天时，谈到了自己那些早期的画作：

> 我最初的画作永远不可能在儿童画展上展出，童年的笨拙和天真在这些作品中几乎不存在……它们的精准度和严谨度甚至让我自己都感到害怕。

毕加索的家人总说，牙牙学语的他说的第一个词是"piz"，也就是"lapiz"（铅笔）这个词的缩写。从一开始，毕加索绘制的线条和画作就令人惊叹，尤其对于一个还不会说话的孩子来说更加如此。毕加索出生在一个女性众多的家庭，他的父母与丧偶的岳母、岳母的两个未婚姐妹以及一名女仆生活在一起——这就是巴勃罗的第一个"皇家随行团"。他的母亲这样评价自己的孩子："他美得就像天使和魔鬼的化身，没有人能停止看他。"她告诉毕加索，无论他选择哪个领域，都注定会成就一番伟业："如果你选择去当兵，就会成为将军；如果你选择做牧师，终会成为教皇！"

对这名天才来说，上学却完全是另一码事了。学校里的毕加索举步维艰，他很害怕被拖到学校和那些同龄的孩子待在一起，因为他无法像在家里指挥那些成年人那样指挥同学。他在阅读和写作方面遇到了很大的困难，也不是很懂数学，同时还患有阅读障碍和计算障碍（一种数学学习障碍，会损害个体学习与数字相关的概念和进行基本数学运算的能力）。数学对他来说是个大问题，因为吸引了他注意力的是数字的形式和形状，而不是形状背后的概念。对他来说，数字 7 就像是一个倒过来的鼻子，而不是比 6 大 1、比 8 小 1 的概念；数字 0 就像一只鸽子的小眼睛；数字

2 就像是一双翅膀，或者是一个跪着祈祷的男人或女人。小时候，他生活在一个由形状构成的世界里，而不是生活在抽象的数学意义的世界里。

所以，他总是一有机会就逃学，躲在家中某个黑暗的角落，借此逃避恐怖的现实。他喜欢走出来，坐在那些崇拜他的女性们围成的圆圈中间，画出各种形状让她们开心，尤其是螺旋形。每次他画出一个螺旋，他的母亲或姨妈就会奖励他一个螺旋形的薯片。这似乎是他早期学习的一部分——天赋会得到奖励，天赋会引起关注，相似的事物会聚在一起——画出一个螺旋就会得到一个螺旋形状的奖励。这是在学习一种因果关系、一种偶然性，艺术作品的形状和奖励的形状是相似的——在原始思维中，他们称之为"相似律"①：看起来相同的事物会联系在一起。他的父亲最终安排他转学到一所由朋友开办的私立学校，在那里他可以尽情地画画。

对怀疑是否在毕加索的生活中扮演过角色，或者是否犹如许多著名传记作家所假设的那样怀疑完全缺席进行探究，是一件很有意思的事情。这些作家认为，毕加索个性中的自负、自信、无畏与无疑，与他那惊人的天赋同等重要。这也同样是我会在盛夏时节站在纽约市第七大道上等出租车的原因。这是我探究怀疑之旅的又一步，我需要亲眼看看那些可能与这位伟大画家有关的线索。我最终下定决心，虽说和往常一样，心中纵有种种不确定，但还是决定要亲自去看看，这些线索可能会为我带来一些不一样的东西。

街上闷热潮湿，我满身大汗，每次抬头，都感到一阵眩晕。这里喧嚣而鲁莽：到处是刺耳的喇叭声、引擎的轰鸣声，人声鼎沸，自信满满，仿

---

① 相似律（law of similarity）也称为相似性原则，指人们在知觉时对刺激要素相似的项目，只要不被接近因素干扰，就会倾向于把它们联合在一起。——译者注

佛在高声叫嚷着"欢迎来到大纽约"。

　　我不够果断、不够自信，犹犹豫豫地向黄色出租车挥手，但它们一辆接一辆地径直驶向我身边挥手拦车的其他人——他们举手坚决果断，毫不含糊。由于天气太热，我已经不得不回酒店换过一次衬衫了。我眼看就要迟到了，我必须在闭馆前及时赶到那里。

　　我刚刚为一家领先的跨国公司做了一场关于风险的演讲，但我在演讲中一直避开提到萦绕在我们脑海中的那个声音，那个"d"字母开头的词——怀疑。该公司世界各地的高级管理人员专程赶来听我演讲，对于一个深受极度怀疑困扰的人来说，这显然是非常好的结果，我当时心想，谢天谢地，我还能把我那极度的怀疑隐藏起来。这家公司的首席执行官认为，他管理的这个组织是一家品牌家喻户晓、家家都拥有其多款产品的企业，可在面对风险时已经变得过于恐惧而谨小慎微了。他希望我可以和他的高级管理人员一起就风险的心理问题进行探讨。"向他们解释解释什么是风险和冒险，"他要求道，"我希望他们了解正在发生的事情，我想了解是什么让他们驻足不前。"

　　奇怪的是，关于这一主题的科学研究文献中甚少提及怀疑。怀疑似乎是一种更加私密的现象，与风险和冒险有关，但范围更广、更加隐匿。也许，当你容易产生怀疑时，一切都是风险，生活的方方面面都会带来风险。

　　于是，我准备了这场演讲，毫无疑问这是极其重要的话题。我指出，冒险是人类的核心特质，我们人类也必须承担风险。人类的发展通过游戏和探索达成，而且都是以承担或大或小的风险为基础的，这些对于语言和认知的发展至关重要。捉迷藏游戏教会婴儿"轮流"的概念，而对话中的轮流规则便是基于此概念构建的。例如，母亲躲在浴室的法兰绒布的后面，或者用手捂住自己的脸等，婴儿要冒着暂时离开母亲视线一秒钟或更长时间的风险。对婴儿在母亲第一次躲起来时流露出的恐惧，以及在母亲重新出现时流露出的喜悦进行观察，你会发现，孩子很快便会明白，这是一个可预测的序列：先是不确定性和恐惧，然后是解决，就像玩游戏一样。冒险对于建立关系和生存至关重要，比如，如果不去冒丢脸的风险，怎么能找到伴侣呢？冒险对于经济发展也至关重要，"企业家"这个词顾名思义就是承担风险的人，该术语最初是在军事行动中需要承担经济风险的背景下使用的。我解释说，我们人类是一个喜欢冒险的物种。

这期间，观众都在适当的时候点了点头，首席执行官从讲台一侧注视着他们。"那么，为什么让人们承担更多风险并不容易呢？"这是我演讲的重点，只不过纯粹是种自问自答的修辞。虽然有人举手想回应，但又略显尴尬地缓缓把手放下了。

"当你将风险记为'遭受损失、伤害、损害或失败的际遇或可能性'时，就更容易理解了。"我继续说道，"很多人不愿意去经历，哪怕只是想想'遭受损失、伤害、损害或失败的可能性'也会让人感觉不舒服，而当你开始考虑它时，那些感受可能会被展现出来，你可能会显得很虚弱，其他人也可能会看出来。你的竞争对手也可能会看出来。"

我直视着这些企业大佬们的眼睛说道："这非常重要，因为竞争对手可能会发现你的弱点。"这话虽然听起来像是指责，但却并非我的本意。也许，在我们的同龄人面前、在我们的直接社交群体中展现弱点，是在具有等级社会结构的群体中进化的一个基本方面。但这是需要避免的，在竞争激烈的大型跨国公司中更是如此。

"你可能会发现自己有弱点，并且今后会变得更加保守，"我接着说道，"你对风险和失败的思考可能会牵出负面的记忆，并且这些记忆会变得更加清晰。你会被那些你以为已经忘记的事情所湮没。"

我显然触动了他们，从他们眼中就可以看到这一点。在国际企业高管那光鲜亮丽的外表之下，在他们用无处不在的惯常微笑来掩饰之前，哪怕只有四分之一秒，我发现了这些细微的变化。心理学家把这些情绪表现称为"微表情"，即不时出现的快速情绪信号。许多人对此毫无察觉，它们没有被注意到，也没有被检视。但我发现它们就是我的工作，当我演讲时我用它们作为指导，这样你能学到更多东西。

"当面对一个冒险的决定时，"我继续说，"即使只是在思考，你也可能会向他人发出你有弱点的信号。"这话听起来似乎极具对抗性，就好像我在指责他们的一些基本错误：

> 你心跳加速，血压上升，口干舌燥，呼吸也变得急促。血液在体内涌动，从胃部流向肌肉，带给你"小鹿乱撞"的感觉，瞳孔放大，以便更清晰地感知这一刻。体内储存的葡萄糖开始释放，为肌肉活动做好准备。此刻，你已准备好战斗或逃跑，或者只是坐在我面前，回顾所有这些生理变化，感到自己暴露在众目睽睽之下。

他们一脸愧疚，好像被抓了现行。

那么，我们如何让像你们这样的人（我用手势比画着，确保他们明白）做出更冒险的决策呢？这些手势通常是无意识产生的，这也是它们如此有效的原因。但如果你能有意识地、偶尔故意地做出一些手势，并稍加思考，它们也会有奇效。这些高级管理人员知道，他们以及他们那规避风险的决策方式，正是我此行想要纠正的。

"你们需要认识到，承担风险既涉及思考也涉及情感，"我说，"以及这两者之间的关系——但这两个系统都是有缺陷的。而且你们必须记住一点，情感总是驱动着思考。情感是先决条件，毕竟我们并不是那么理性的动物。"

他们尴尬地点了点头。

"但我们需要对这两者进行考虑。当考虑是否要承担风险时，"我继续说，"这涉及对出错概率的某种判断。"

"你们擅长做这个吗？"这是一个反问，但收到了很多低声的、脱口而出的回答。"答案似乎是不太擅长。"我继续说：

因为人们判断一件事是否可能发生或经常发生，往往取决于这件事是否容易被想象或回忆起来。这很有道理，因为相较于不常发生的事件，频发事件更容易想象或回忆。但某些事件仅仅因为更具情感色彩或高度可视化，或两者兼具，就比其他事件更容易想象，因此人们会高估其发生的概率。

如果你让人们估计自己死于某些原因的概率［此时听众中出现了微表情］，他们会高估那些容易想象的原因，如车祸、分娩、堕胎、龙卷风、洪水、火灾和谋杀等，而低估那些不那么直观的原因，如中风、肺结核、哮喘和肺气肿等。我们在这方面并不擅长。如果我现在公开要求你这么做，我想知道你会得出什么结论。

我随即做了一个手势，在"你"这个词上做了一个重音手势，但手势并没有指向他们，更像是一个中止的动作，表明我不打算让他们当场难堪，至少现在没这个打算。他们看上去是真的松了一口气甚至还有些感激，因为我没有在这件事上指责他们。

这些生动的形象可能来自媒体、电影或电视，你只需回想一下自己第一次观看影片《大白鲨》后对鲨鱼袭击可能性的思考，就立刻可以明白了。但同时，这些形象也源于我们自身的经历，尤其是负面经历。在日常生活中，你记得最清楚的是什么？是积极的、感觉良好的时刻，还是那些非常负面的、令人震惊的时刻？是你一直为之奋斗的巨大成功，还是意想不到的毁灭性失败？是真正的好消息，还是真正的坏消息？

坐在听众席的高管们一个个吓得动都不敢动，唯恐我会当场点他们起来回答。

谈到坏消息和失败，你又记得些什么呢？肯定不仅仅是事件本身或坏结果，尽管这已经足够糟心了，但记忆里肯定还包括你经历这些事件时的所有细节，比如你当时在哪里、和谁在一起、在做什么。

就像我在贝尔法斯特市皇家维多利亚医院停车场，得知我父亲去世消息的那个晚上。这么多年过去了，我甚至还能清楚地记得当时每个人站的位置、柏油路上的雨水、说过的话，以及他们的面部表情。

这些令人惊讶和情绪激动的事件的所有生动细节，往往在事件发生的几年甚至几十年后仍然会被回忆起来。

我解释说，这些记忆被罗杰·布朗（Roger Brown）和詹姆斯·库利克（James Kulik）在 1977 年称为闪光灯记忆 [①]，它是一种不同于普通记忆的记忆类型。众所周知，普通记忆是会出现错误和遗忘的。布朗和库利克认为，闪光灯记忆能永久性地捕捉到许多生动的细节（尽管其他研究表明，和所有其他类型的记忆一样，构建和重构在其中发挥着重要作用）。这些记忆涉及人类大脑中最原始的两个部分（网状结构和边缘系统）的同时运作，它们会对意外及其后果做出反应。心理学界的观点是，这类记忆对生存至关重要，它们的功能是记住事件的背景，以便在未来更好地规避它。如果你经历过交通事故或曾被严重侵犯，你就会对事件产生闪光灯记忆，但我们对其他类型的事件也会有这种记忆，即那些不会威胁到我们个人生存的事件，比如亲人离世、公众人物去世（戴安娜王妃、约翰·肯尼迪总统、迈克尔·杰克逊），以及其他一些未成功、令人震惊、令人惊讶以及重要的事情（如考试失败、交易失败、激烈的争吵等）。只需回想一下你当时在哪里、在做什么，大多数人都会对以上提到的这些事情形成生动的闪光灯记忆。我继续说道：

> 如果你对一个出了严重差错或者存在明显错误的风险决策有着闪光灯式的记忆，并且对此有着强烈的情绪反应，那么你就会对涉这个风险决策的整个事件也形成一个非常生动的闪光灯式的记忆。如果某件事非常生动，你就会认为它是最近发生的且很

---

① 闪光灯记忆（flashbulb memories）也称镁光灯记忆，是指由周围环境中发生的引人注目的重大事件而产生的非常生动的记忆，这些记忆的细节丰富并且保持时间非常长。——译者注

常见，这样你就会高估它发生的可能性和再次发生的概率。这就是你不会再次做出类似冒险决定的原因。

这就是演讲的乐趣。在那么一整段的时间里，你能掌控全场，把想法灌输给他人，观察他们面部表情的变化，琢磨他们内心的想法；而你只能站在讲台后面，把自己遮掩得严严实实。

尽管我们或许并不总是愿意承认，但我们每个人在面对那些详细而生动的闪光灯记忆时，都无法避免被影响，无法独善其身（即便其中偶尔夹杂着些许小错误）。而触发这些记忆的，有时只是一些看似微不足道的负面事件，这无疑加剧了这一情况。几个月前，一位教练对我说"你看起来有点超重"，我是一名狂热的跑步爱好者，他不只是说说而已，的确有好意想帮我，我便对此形成了清晰的记忆，不仅记得他说的"你得把肚子上的肉减掉"这句话，还记得当时的情景——他站的位置、他穿的衣服、我的队友站在哪里，这些画面都被我的大脑记录了下来。除了这些，关于那天的训练我几乎不记得其他任何事情了。我们确实需要尝试去理解，为什么某些事件（包括一些看似微不足道的事件）会变得如此具有影响力、如此令人惊讶、如此让人情绪激动，以至于一开始就能触发这些生动而持久的闪光灯记忆。也许值得一提的是，在我父亲去世后不久，我那美丽的表妹米朗也因厌食症去世了。据说，她的病是由一位医生随意评价她的体重而引发的。她被葬在罗塞劳恩公墓，与我父亲的墓隔一排。

然而，似乎我们所有人都受限于那些生动的记忆，它们影响着我们的思维、推理和行为方式。

在纽约给这些成功的商业人士讲课称得上是件怪事，我谈论着闪光灯记忆的局限性，却同时如此深刻地意识到自己充满怀疑的内心世界，尽管如此，我还是竭尽全力地将其进行了隐藏。

当然，我也向这些高管解释了应该怎样做才能更安心地去冒险，其实很简单，应该保持快乐，就像我在《获得优势》（*Get The Edge*）一书中解释的那样。与非抑郁的人相比，抑郁的人在做出选择时更加保守；刚刚阅读过负面事件的学生对各类风险的预估都有所增加，而受到快乐熏陶的学生则显示出减少的趋势：

> 晚上刷牙时，有意识地去回想当天发生的五件最美好的事情，就可以让自己快乐起来，而且，这些美好的记忆会让你第二天早上醒来时更加快乐。当自己的某些行为导致风险失控时，不要将失败内化，不要认为它会一直存在并影响你做的每一件事，也不要认为这都是你的错，应试着去改变自己的归因焦点。不要总是用"总是"和"从不"这样的词来看待挫折和失败，试着用"有时"和"最近"来描述它们。使用限定词将糟糕的事情归咎于短暂的事物。要想承担更多风险，你需要重新调整认知焦点，更多地关注可能取得的成就，而不是可能遭受的损失。要认识到你有一个固有的情感系统，它会影响你和你的决策，并学会把紧张的生理刺激当作兴奋来享受。那么，那些基于失败形成的闪光灯记忆呢？

我继续说道：

> 这稍微有点难。你需要在防止闪光灯记忆的形成上花点功夫，因为这些记忆总是会在认知上让你偏向于规避风险。为了避免这种闪光灯记忆，你需要减少意外、情绪化和后果性。但如何

才能做到这一点呢？你是否将失败内化不刚好就是关键所在吗？这不就是让它产生如此严重后果的原因吗？这也必然会对后果造成影响。如果你把出错的事情归咎于自己，那么当它们真的出错时，就会对你产生更深层次的影响。其中一个方面就是闪光灯记忆的形成。

今天就讲到这里，我想传达的信息其实非常简单明了。其实从每本自助类书籍中都能找到这样的内容。对待消极的想法，就好像它们是由一个试图让你痛苦不堪的对手说出来的话。反驳它们，让它们滚蛋。只有这样，你才愿意去冒险。

现场响起了热烈的掌声，看来我的演讲喜闻乐见，因为我脑中的声音告诉我，这一切都太"模式化"了。无论我多么努力地去说服自己，脑海中的声音也绝不会消失。

那么，我刚才到底讲了些什么呢？说到冒险，想法和感觉都很重要，而这两个过程都会产生偏差。你的记忆、你的个人记忆均至关重要，它们会影响你的行为。但当代心理学很少对这种高度个人化的记忆进行探究，而是依赖于此处和其他许多地方的概括。大多数关于闪光灯记忆的研究，都是基于整个人群都经历过的重大新闻事件（如重要公众人物的去世或"9·11"等事件）进行的。但是，由轻微的侮辱（比如"给我下个崽吧"）引发的普通闪光灯记忆呢？这些记忆可能只能在生活的大背景下才能被理解。

还有，通过有意识地回忆当天发生的五件最美好的事情（最积极的记忆），让自己快乐起来。这是我们这个时代的口头禅，几乎每个地方都能看到，每本大肆宣传售卖的心理学指南书中都有其身影。晚上刷牙时一定这样做，但这种方法所存在的个体差异又是什么呢？它对每个人都有效吗？你需要抽取多少过着普通生活的具有代表性的普通人样本来测试呢？它是否已经在像我面前这些忙于工作、因持续国际旅行而不可避免遭受时差困扰的高管身上进行过测试了呢？

至于之前说的"脑海中的那个声音"以及"把它当作另一个人说的"这个方法，有时也许会经常用到，我脑海中的那个声音是我的朋友，它在试图帮助我；有时，我脑海中的那个声音是我的怀疑，当它们从那种模糊的情绪状态中出现并进入意识时，很可能会被这种情绪感觉掩盖。心理学已经发现了一些与冒险相关的过程，这些过程可能对怀疑的起源有一些影响，但它似乎很少就我们每个人之间所存在的如此巨大的差异进行解释，故沦为了对过程的广泛而模式化的概述。个人生活中的细节很多时候至关重要。

这就是我在忘记带止汗喷雾的情况下，依旧满身大汗、两边腋下全湿地在纽约街头打出租车的原因。终于有一辆出租车停了下来，我请司机载我去西53街的现代艺术博物馆。司机把空调开得很足，车里很冷而且弥漫着非常浓的柠檬空气清新剂的味道，但我依旧因腋下的汗渍备感尴尬，司机几乎在我上车的那一刻就立刻开始了攀谈，但对我这样一个人来说，这表现过于热情了。

"你去现代艺术博物馆看什么？"他问道。我花了几秒钟才弄明白他在说什么。我一直在想其他事情，很紧张地思考着我到了现代艺术博物馆后的情况，觉得自己可能什么也学不到。

"毕加索。"我说。我讨厌像他这样直接问我为什么要去参观博物馆或美术馆，这种提问会让任何回答听起来都很虚伪。我非常在意别人的看法。

"这太妙了，伙计，"他的语气依旧很热情，对我来说有些过于热情，"有什么特别想看的吗？"

"我对《亚威农少女》（*Les Demoiselles D'Avignon*）很感兴趣，我这次主要是去看这幅画。"我的话听起来既犹豫又傲慢。我妈妈总是说，很难看出我是个拥有剑桥大学博士学位的心理学教授，看起来不像，听起来也不像。我试着正确地将"demoiselles"这个词念出来，但听起来还是不太对，我的贝尔法斯特工人阶级口音让这句话听起来不够法国范儿，加上"我这次主要是去看"之后，听起来更糟了，就像我在闲聊，打发时间。我想让自己听起来像个掌控全局的学者，但说出来的话却听起来像个华而不实的傻瓜，带着贝尔法斯特口音的蹩脚法语让情况变得更糟了。

"那你可去对地方了，伙计。"司机更热情了，他稍微停顿了一下。"我听说过那幅画。我前几天刚载过一个谈论那幅画的家伙，他当时正和妻子就那幅画争个不停呢。那幅画实在是太有名了，画的是戴着面具的妓女，对吧？"即使在最后加上了"对吧"，也不像是在问问题。

"就是那幅画。"我说。

"那你是做什么的啊，伙计？"他问道，"你对艺术感兴趣吗？"

"嗯，我是心理学家。"我加上"嗯"是为了让自己听起来既谦虚又兴趣广泛，不被我的职业所限定。

"心理学家，哦。"我看见他在后视镜里做着鬼脸，好像在说我的出租车里什么样的人都有，心理学家没什么大不了的，昨天我还载过一个犯罪学家，前天载过一个动物标本剥制师呢。他的"哦"这个字很短，但明确地表达了"这没什么大不了的"的意思。

"也许你能帮我一把，你说她们为什么要戴面具呢？"司机说，"这就是之前那对夫妇争论的焦点。那男的有一套理论，他的妻子有另一套理论，然后让我当裁判。"

我礼貌地笑了笑："你支持哪一方？"

天晓得，我就是纽约一个开出租的，又不是什么高雅的艺术鉴赏家，当时就只是迁就一下他们。回家后，我在网上搜索了那幅画，我这个人平常就喜欢学点零碎的知识。但说实话，我真觉得那幅画不咋地，画得乱七八糟。我不确定自己是否愿意花钱去看。不好意思让你扫兴了，老兄。现代艺术博物馆里比这幅好的作品多了去了，他的其他画作肯定（gotta）比这幅画好。

我注意到他最后一句话中的"gotta"（肯定）一词被他着重强调并延长了发音，好像是在试图向我表示同情并给我一些指引。

我并没有回应。

"毕加索是个天才，对吧？"他又一次加上了"对吧"这个词，想逼我说点什么。"对吧"这个词通常是弱势方用来寻求认同的，但在某些语境下，效果却截然相反，它变成了一种控制手段。我当时就是这么想的，但还是觉得不得不回应一下。

"对，"我说，"大家都这么说。"那一刻，我仿佛想把自己排除在"大家"之外，以免在这个狭小、现在更觉压抑的空间里受到直接的审视。

我开始觉得，也许我应该研究一下这位司机，他毫无顾忌，也不是个怀疑论者。我看得出，满面笑容的他很享受我们之间的聊天。这样的攀谈结束后，他会感觉良好，因为他有了关于一位腋下出汗的匿名乘客的谈资。

> 我之前载过的一名乘客是个心理学家，要去看毕加索的画，就是画着戴面具妓女的那幅。但他都不知道自己为什么要去，我当时就劝他别去看了。他出了超多的汗，我应该告诉他先去洗个澡。

我感觉更糟了，也许是我想得太多了。

我对毕加索的背景略知一二，他的一些经历让我意识到，这些经历可能在"怀疑"这个问题上至关重要。据我所知，毕加索 14 岁时，他的父亲在拉洛贾美术学院谋得一份教职，于是全家搬到了巴塞罗那。这一搬让巴勃罗成了一个局外人：一个在加泰罗尼亚这座精致城市格格不入的安达卢西亚人，几乎听不懂加泰罗尼亚语，也难以让别人理解自己，还受到中产阶级加泰罗尼亚人的鄙视，成了一个遭人鄙视的局外人。毕加索的挚友萨巴蒂斯（Sabartes）曾提醒我们，在加泰罗尼亚，"安达卢西亚"这个词"说出来时总是伴随着厌恶的表情"。毕加索的自我意识发展成了一种强烈的自我认知，认为自己是个法外狂徒、一个为即将到来的艺术斗争做好准备的战士。

14 岁时，巴勃罗将他的一幅名为《第一次圣餐》（*First Communion*）的画作送去参加当地的一个比赛，该画作与其他来自该地区著名画家的作品一起在贝拉斯艺术博览会上展出。这个令人反感的、皮肤黝黑的安达卢西亚人因其潜力得到了广泛的认可。

20 岁那年，他做了一件在当时的社会和文化背景下令人震惊的事情，他将自己的签名改成一个他认为更适合伟大艺术家的名字。他一开始把巴勃罗·鲁伊斯改成了 P. 鲁伊斯·毕加索，然后是 P.R. 毕加索，最后变成了巴勃罗·毕加索。1943 年，他在与摄影师布拉塞的对话中对这一改变进行了解释：

> 可以确定的是，吸引我的是名字里的双字母"s"，这在西班牙很少见……你有没有注意到马蒂斯（Matisse）、普桑（Poussin）、卢梭（Rousseau）的名字里都有两个"s"？

从这个名字的"感觉"和押韵的角度来看，或许有那么一点点道理，因为这个名字经过重新设计，成了一个将他与伟大艺术家联系起来的符号。但对毕加索来说，这个名字更广泛的个人意义和象征意义不容忽视。他正在重塑自己，尝试摆脱他父亲的血脉，将父亲从他的艺术和生命中删除。在 20 世纪初的西班牙，尤其是在安达卢西亚，将父亲的姓氏作为血脉传承的象征远比现在更为重要。通过这一行为，他拒绝了与父亲的联系，转而选择了母亲的姓氏，并因此受到了伤害。有人指出，毕加索在外貌上更像他的母亲，而不像他的父亲。他的父亲高大、瘦削、蓝眼睛，邻居们常常将他称为"英国人"，而他的母亲则矮小、黝黑、结实，就像巴勃罗本人一样。巴勃罗通过改名来拒绝他的父亲，拒绝他父亲的艺术，并努力向艺术巨匠的身份靠近。他断然不会成为一个对艺术浅尝辄止的人，或者为了微薄佣金画鸽子的人。

改名字这件事无疑给他的父亲造成了巨大的伤害。怎么可能没受到伤害呢？心理学家认为，他对父亲的敌意远比单纯地改名字问题更为深刻，一些人甚至用俄狄浦斯情结来解释他的这一行为。在弗洛伊德经典的理论中，俄狄浦斯情结被用来解释父子之间可能产生的激烈竞争。弗洛伊德认为，俄狄浦斯情结源于孩子无意识中想要杀死父亲以占有母亲的欲望。毕加索的传记作者以及艺术评论家指出，毕加索的其他行为似乎也印证了这一观点。毕加索 13 岁时就曾在他父亲未完成的鸽子素描上画画，这个举动差一点就导致他的父亲放弃画画。毕加索抹去了他父亲的艺术痕迹，还通过更改姓名来消除父亲生物性遗产的影响。但还不止于此。毕加索 30 多年的老友特里斯坦·查拉（Tristan Tzara）回忆毕加索早年的一些经历时说，毕加索曾在他的秘密工作室的酒吧里，靠着木桶和一名瘦高的女招待亲热，成了"男子汉"。毕加索后来自己也说，在那个酒吧里失去童贞"就像和父亲上床一样"。这一切很难不让人联想到恋母情结，或者至少是某种无意识的驱动力在起作用。在这一切中，我们很难忽略掉俄狄浦斯情结的某种意义，或者至少是某种无意识驱动因素在起作用的痕迹。

巧合的是，有一点很重要，那就是在当代心理学中，我们似乎可以更自由地谈论无意识的作用了，诺贝尔奖得主丹尼尔·卡尼曼（Daniel Kahneman）在心理学的某些领域将其作为思考系统进行了重新阐述。卡尼曼的系统 1 是自动的、快速的，并且主要是无意识的，在我们的整个生命历程中发挥作用，尤其是当它与更理性、更有意识且更慢的系统 2 发生冲突时。当我们对"怀疑"这一概念进行深入的思考时，就意识和无意识的过程进行谈论是不可或缺的一环，因为有时当个体怀疑时，会有意识地意识到这一现象；在其他时候，该现象只是低于意识水平，但仍然会对行为产生影响，比如个体在拖延的时候，该现象就只会慢慢地出现。我们是否认同特定的潜意识理论，如弗洛伊德及其俄狄浦斯情结的概念，是一个完全不同的问题，但毕加索对他父亲的态度显然具有某种心理学意义。

但许多传记作者认为，毕加索在签名和身份上的这一改变，在怀疑这个层面也尤为重要。这不禁让人想起拳王阿里多年后宣称自己是"最伟大的"：这是一种公开的炫耀，是一种公开的挑战，是在让自己成为别人试图击倒的目标。毕加索自诩像马蒂斯、普桑、卢梭一样的伟人，也认为自己终将成为最伟大的人。但凡有丝毫怀疑，这事情就没办法做下去。对毕加索来说可能更为极端，因为他把名字从鲁伊斯改为毕加索，象征性地公开与父亲划清界限。他即将成为世人所熟知的毕加索，不再是鲁伊斯的儿子，而是重生成为一个与父亲没有明确联系的人、一位独自闯荡的天才。

这一切似乎都遵循着一种模式，即毕加索早年在家中受到女性的赞美，在学校遭到排斥，在巴塞罗那成为局外人，然后进行反击，依靠自己的才能和远见，在切断束缚和宣告新身份时毫不怀疑和充满信心，思路清晰，获得认可，天才出现。在这种叙述中，怀疑似乎是天才的敌人、是巨大的抑制剂，天才需要在自信和毫无疑问的土壤中才能发展和繁荣。

但毕加索的生活中还存在着其他一些事情与这种叙述格格不入，这些小事经常被以特定的方式解读，以配合这种总体叙述。当毕加索从巴黎回到巴塞罗那时，他不仅贫穷而且心情沮丧，开始创作那些后来被称为蓝色时期的伟大作品。刚回来的最初几个月非常艰难，毕加索患上了严重的抑郁症。这件事在过去了 40 多年后，毕加索最后的一位情人吉纳维夫·拉波特（Geneviève Laporte）描述了他当时回归家庭时的情况：

> 有一天，我了解到毕加索因在巴黎的贫困生活而疲惫不堪，回到了西班牙的父母家。因长途跋涉筋疲力尽，于是在傍晚到达后便直接睡了。第二天早上，当他还在睡梦中时，母亲就把他的衣服刷了，鞋子也擦了，巴勃罗醒来后发现"巴黎的尘土"全部

消失了。他后来告诉我，尘土的消失让他大为光火，几乎将母亲惹哭。

这常被理解为一个天才的愤怒与不耐烦的故事，即毕加索在奋力摆脱抑郁，实现其天才之路的故事。然而，对此还有另一种解读。毕加索的反应是一种迷信行为，是最早的心理学形式之一，是试图理解和预测世界的运作机制，以抵御焦虑和不确定性的尝试。更具体地说，这是心理学家保罗·罗津（Paul Rozin）和卡罗尔·内梅罗夫（Carol Nemeroff）所说的"交感思维"（sympathetic magical thinking），一种与当前科学信仰截然相反的普遍且原始的思维方式，但它也有支撑其成立的"定律"。1879 年，埃德温·泰勒（Edwin Taylor）概述了交感思维所基于的一些定律。首先是"接触律"也称传染律，即"一旦接触，永久接触"——当人或物体发生物理接触时，它们的本质可能会永久转移。巴黎的精髓就在那尘土里，在毕加索那已然成为他自己一部分的鞋子上。清洗鞋子可能会让毕加索失去这种感觉，也会让他失去巴黎的创意影响。

身体的某些部分同样蕴含着个体的精髓。用罗津的话来说，剪下的指甲蕴含着它们之前所附着之人的"精髓"，而食物则承载着烹饪者的"精髓"。据毕加索的朋友萨巴特斯的说法，我们了解到，毕加索不忍丢弃自己剪下的指甲，1903 年，他写下了这样的铭文："我头上的每一根发丝都如同我一样归于神位，尽管它们与我分离。"

这种巫术思维贯穿了他的生活，是他处理怀疑的方式，即通过迷信行为来控制，或者说让迷信支配他的大部分日常行为。

评论家指出，毕加索早期的作品在风格上主要是模仿他人，直到他的朋友卡莱斯·卡萨吉马斯（Carles Casagemas）在巴黎为情所困自杀后，毕加索才创作出了被许多人认为是他真正意义上的第一件重要的原创作品——一幅他死去的朋友躺在棺材里的画，身后是一根画面上非常显眼的、摇曳的蜡烛，整幅画只是简单的油画，尺寸仅为 11 英寸[①]×14 英寸。在很多人看来，画中摇曳的蜡烛像阴道，可能象征着导致朋友自杀的情人阴道，但蜡烛也象征着卡萨吉马斯母亲在孤独、悲伤的守夜中发出的哀痛。蜡烛同时还是天主教和肉体知识的象征，这幅画充满了象征意义。

这幅画被认为是毕加索第一幅引领我们深入思考眼前场景的画作，是蓝色时期的先驱，更广阔的立体主义美学范畴随之而来，无意识得到了自由的释放。

在创作了卡萨吉马斯的画像之后，毕加索又创作了第二幅只用蓝色绘制的画作，然后又为他的朋友萨巴特斯绘制了一幅蓝色肖像，这就是蓝色时期的诞生。在这之后，毕加索长期而重度的抑郁很可能源于他对朋友之死的内疚，正是他鼓励卡萨吉马斯离开马拉加，来巴黎与他会合。他认为自己对此负有一部分责任，然后在朋友死后不久就与朋友的情人开始了恋情。

人们对创伤的反应各不相同。抑郁虽很常见，但毕加索的抑郁症却非常严重，以至于有好几年他都几度差点自杀。抑郁状态导致的怀疑和不作为并不罕见，但这并不是毕加索的反应。这种对自己伟大之处的感知，无疑是由早年家庭中受到的赞美以及对其独特才能的早期认可所推动的，使他能够在创伤中通过艺术来表达自己的情感，并创造出一种独特的艺术形式。他用自己的方式解决了对生死和爱的所有怀疑，但在这个过程中变得非常迷信。迷信可以被解释为最原始的心理学形式，一种在你觉得无法掌

---

① 1 英寸 ≈2.54 厘米。——译者注

控自己的命运时试图掌控命运的尝试。你会意识到一些小事可能比最初判断的更具有意义，并会留意可能发生的偶然事件和同时发生的事。例如，你遇到了黑猫，你会留意寻找一些好运的证据，然后把它们捆绑在一起，形成一个迷信的组合。你还可能会因第一次没有做好而重复某些行为，以确保下次能产生好的效果。在情感上，你同样会把一些无关紧要的小事看得很重要。

当毕加索从巴黎回到巴塞罗那的家中后，他的母亲把他的鞋子擦干净了，这反而让他勃然大怒，因为毕加索认为母亲把他身上的"巴黎之尘"擦掉了，他需要鞋子上的巴黎之尘来激发想象力。任何与他的身体或任何身体部位接触过的东西（如头发、指甲），对他来说都变得很重要、意义重大，近乎是神圣的，这就是迷信思维的一个方面。

正如我们所见，1903年，在为朋友萨巴特斯位于卡雷尔德尔领事馆大街的公寓粉刷白墙时，毕加索写下了"我的每一根头发都如同我一样归于神位，尽管它们与我分离"这样的话，这既不是玩笑，也不是挑衅，而是宣言。这是一位鄙视怀疑、拥有神一般力量的艺术家的宣言。这是对他伟大之处的宣告，但这宣言冲着谁呢？对萨巴特斯宣告吗？对自己宣告吗？这真的是精神分析学家所说的反向形成（reaction formation）吗？是通过把意识中的一个想法固定在与所恐惧的无意识冲动完全相反的状态，来处理任何关于地位、能力和伟大之处的潜在焦虑，以及任何自我怀疑的例子吗？这是他在画作上三次署名"我，就是王"，并更改自己的名字，直到它迷信般地映照出马蒂斯、普桑和卢梭的名字，以及其中双字母"s"的基础吗？这是他紧紧抓住鞋子上的巴黎之尘以防他的伟大被风吹走的依据吗？潜藏在表面之下的怀疑，也许有助于解释他在几十年间创造出如此多非凡作品的原因。

迷信思维的另一个规律是"相似律"，它认为"相似的原因会产生相似的结果"，或者原因和结果应该看起来相似。对于许多原始民族来说，疾病的起因应该与症状有表面上的关系，即相似性。因此，非洲的赞德人（the Zande）认为鸡粪会引起癣菌病，因为鸡粪和皮癣看起来很像。伏都教（the Voodoo）焚烧敌人替身以伤害敌人的做法，则是相似律的另一例证。玩偶看起来像真人，因此焚烧玩偶可以伤害真人。班图人（the Bantu）信仰昆图①，即存在于人和事物中的精神，以及它们结合和交融的方式，非洲面具上有昆图，当戴上它们时，这种精神便会转移到佩戴者身上。

在《亚威农少女》这幅画中，画面右侧的两名女性佩戴着非洲面具，但早在她们出现之前，毕加索就已经对非洲面具及其力量产生了浓厚的兴趣，这一兴趣始于他在特罗卡德罗宫民俗博物馆（Ethnological Museum in the Palais du Trocadéro）偶遇这些面具之时。这从来不是简单的形式上的复制，尽管有些人这样认为。这幅画本身将五个人物压缩在画布上，所有形象都有着锋利的锯齿状边缘，就像破碎的玻璃碎片。最左边的一个类似于前古典时期的伊比利亚雕塑（毕加索当时刚好购买了两个从卢浮宫偷来的古老伊比利亚头像，所以他有参考的对象），右边的两个人物则戴着面具。

艺术史学家贝丝·哈里斯（Beth Harris）和史蒂文·朱克（Steven Zucker）在关于这幅画的研究论著中写道："由于画布处理得相当粗糙，人们常常认为这是一幅直接构思出来的即兴创作。但事实并非如此。在这幅画之前，毕加索已经画了近百幅草图。"在早期版本中，画中有两个男性形象，中间是一个穿着制服的水手，左边是一个穿着棕色西装、手拿教科

---

① 非洲艺术和文化中的一个重要概念，通常指一种内在的精神力量或本质。——译者注

书的医科学生。有人认为，这两个在最终画作中消失的人物象征着毕加索的两个不同侧面。那名在海上漂泊数月的水手，代表着充满欲望的毕加索——在原始草图中，他双腿之间的水果碗被拉长并磨尖，实际上呈男性生殖器的形状，指向中间的某个特定妓女，即毕加索的欲望对象；而医科学生则象征着更具分析能力的毕加索，分析妓女的身体是如何构造和组合的。

　　然而，现代艺术博物馆绘画与雕塑部高级策展人威廉·鲁宾（William Rubin）则倾向于另一种解读。他认为，在这幅画中，医科学生象征着对疾病的认知；而戴着面具的人看起来陌生、未知、具有攻击性，在白人头上戴着非洲面具，令人感到恐惧。对一些人来说，这幅画是关于毕加索的欲望，但也是他恐惧的表达，他害怕其他人会把疾病传染给他。我们都知道，毕加索曾造访过巴塞罗那亚威农街的妓院，他肯定也明白感染梅毒的风险。画中右侧的人物并不是把面具当作装饰来佩戴的，那是她们的特征，那就是昆图。事实上，几十年后，毕加索告诉安德鲁·马尔罗（Andrew Malraux）：

　　　　这些面具绝非普通的雕塑作品，它们是具有魔力的物品……这些黑人雕塑是中介者，是媒介。从我在博物馆看到它们的那一刻起，我就知道了这个词的法语说法。它们对抗着一切，对抗着未知的、充满威胁的神灵……我瞬间就明白了，我也对抗着一切。我也相信一切都是未知的，一切都是敌人！一切！不是那些如女人、孩子、婴儿、烟草、玩乐的细节，而是整体！我明白了黑人用他们的雕塑做什么……它们是武器，帮助人们避免再次受到神灵的影响，帮助他们变得独立。它们是工具，如果我们给神

> 灵一个形象，我们就能变得独立……我明白了为什么我会成为一
> 名画家。

迷信思维或许不仅是我们理解这幅画某些方面的关键，也凸显了毕加索为了抵御怀疑，在多变而充满敌意的世界中保持一定程度的控制力所必需的某些原始迷信过程。当这些过程受到干扰时，他与母亲的激烈争吵让我们看透了那层极度自信的表象。这或许暗示着，完全没有怀疑和自我怀疑有时可能只是表面现象，需要复杂的结构和信念来控制。这些皆需要我们去探索，就像怀疑本身一样，通常会被深深地隐藏（伟大的艺术能让它们得以表达）。

巧的是，迷信思维的这些规律并不局限于原始人和伟大的艺术家。保罗·罗津的研究还告诉我们，即使在最"理性"的群体中，我们也能看到这种规律存在的证据。例如，当面对足够强烈的情绪（如厌恶，这是一种因其进化意义而被定义为强烈的情绪）时，大多数大学本科生都会遵循相似律。罗津等人于 1986 年的研究发现，被试大学生并不会将明显由橡胶制成的假呕吐物放进嘴里，是它看起来的样子决定了被试的反应。逻辑无法凌驾其上。被试自然也不会从标有"氰化钠、有毒"的瓶子里取糖吃，尽管那个标签是这些被试大学生自己随意贴上去的。话说回来，即使标签上写着"非氰化钠"，被试学生也不会吃里面的糖，这就印证了弗洛伊德的观点，即无意识不处理负面信息。

我在贝尔法斯特市的朋友达克就懂得迷信思维和相似律的力量。他是我们这个群体的开心果，当他妈妈烤蛋糕时（这在我们任何一个人的家里都是非常罕见且非常特别的场合），他会趁她不注意做一个狗屎形状的巧克力蛋糕，然后用锡箔纸包着把它带到街角，小心翼翼地确保不弄坏它。

他会以一种夸张的戏剧性动作打开包装闻闻，发出"嗯嗯"的声音。它闻起来有很浓的巧克力味，但即使他试图把这个蛋糕硬塞进其他人的喉咙，也没人愿意吃。

"这不是狗屎，快吃吧。"这一幕经常浮现在我眼前，巧克力在他手里慢慢溶化，最后变得像稀屎一样。然后大家像孩子一样尖叫着跑开。

有趣的是，他自己也吃不下。他试过，但咽不下去。他超喜欢巧克力，但很显然不是这样形状的。

也许，我们所有人都在生存的"技能库"中拥有这些迷信思维的规律，只是它们被科学和理智覆盖了。它们围绕在"厌恶"等主要情绪周围，这些情绪最初让我们远离某些令人反感的食物，从而让我们存活下来，但随后经历了一段文化进化的过程，影响到了我们存在的其他方面（如性、死亡），然后是某些类型的道德行为。但厌恶和其他强烈的情绪仍然依赖于相似律和接触律等非常基本的原则而存在。

我们从保罗·罗津的研究中还了解到，无论是在同种文化内部还是不同文化之间，人们在交感思维的程度上都存在着很大的个体差异。这种思维或许能给我们带来慰藉，保护我们免受怀疑的侵扰，这或许就是毕加索成功的秘诀之一。

如果我们真的想理解怀疑是如何存在于个体内心的，就需要开始探究并揭开其背后的机制，它们和怀疑本身一样难以捉摸。有些人可能依靠科学和逻辑来消除怀疑，而有些人则可能采用他们自己几乎不了解的更原始的方式。这就是为什么在尝试接受怀疑时，我们可能需要考虑大脑在理性和非理性、显性和隐性思维系统方面的工作原理。我们可能还需要考虑这样一个概念，即大脑的两个半球以非常不同的方式运作，一些我们知之甚少的原始过程可能与生俱来地被植入大脑的一个半球之中。

我之所以想去看《亚威农少女》，是因为我认为这幅画上写满了怀疑。尽管它可能被誉为一部天才之作和立体主义的第一部伟大作品，但依旧有很多人觉得它尚未完成，就好像毕加索对自己试图创造的东西心存怀疑一样。有一点需要注意，即毕加索在画完这幅画的九年后才允许它展出。我想亲眼看看这种怀疑，我想提醒自己，怀疑并不一定体现在人们明确的口头叙述中，不一定是他们选择报告的内容，还可能体现在他们生活的行动叙述中。它可能是一种只有在我们考虑和分析他们的行动时才能确定的东西。正如卡尼曼所指出的，我们的许多行为并不是由意识过程所引导的。如果我们想要理解"怀疑"，那就必须考虑一些非意识过程以及它们在行为方面的表现。

唯一的问题是，当我到达那里时博物馆已经关门了。我在做决定时犹豫不决，也没有果断地拦下出租车。

你看，怀疑正在毁掉我的生活。就我而言，我无法控制它。

总结

- 许多伟大的创新和变革的艺术家，如毕加索，据说他们在工作中敢于冒巨大的风险，但却极其自信且不受怀疑的困扰。我必须仔细研究这一观点。

- 我们人类是一个喜欢冒险的物种，然而怀疑却阻碍了许多人。

- 为了认知发展、建立关系或取得经济上的成功，我们需要冒险，但许多人发现这很难做到。

- 冒险同时受到情感和思维的影响，而情感总是先行一步。这可能非常重要。

- 我们拥有详细的形象记忆，这可能会影响我们对事情出错概率的判断。
- 以上这些可能导致严重的怀疑。
- 如果你更快乐，你就会承担更多的风险。
- 据说，如果你在晚上睡觉前所做的最后一件事情是回忆当天发生的最美好的事，以此来激发积极的记忆，那么第二天醒来时你就会更加快乐。
- 这样一来，你承担风险时就会更加自在，怀疑也会更少。
- 如果你不把失败归咎于自己，避免认为失败完全是你的责任，你应该可以承担更多的风险。
- 在以上所有这些方面，个体之间都存在着很大的差异。
- 事实证明，毕加索非常迷信，他利用迷信来避免怀疑的侵扰。
- 如果我们想理解怀疑，就需要了解人们用来应对怀疑的机制。
- 其中一些可能是理性的，而另一些则可能是极不理性的。

生活没有疑问的危险

图灵与怀疑的双刃剑

　　房子坐落在山顶上，我很快就找到了它。这栋建筑出奇地宏伟，既不像想象中的房子，也不像与它的主人相关的电影中展现的那样。这是一栋半独立式的房子，不仅非常宽敞，而且非常适合家庭居住。花园里还散落着红色和黄色的拖拉机和汽车玩具，看来之前有孩子在花园里玩耍过。这栋房子离车站不到一英里，这个距离有点尴尬，从车站打车过去太近，步行又稍远，尤其还要爬山，而且曼彻斯特总是下雨，尽管它并不在曼彻斯特市内。它比曼彻斯特郊区的房子更偏远，也更私密。

　　大学里的那些老古董们可不会无缘无故地造访这所房子，自然不会下班时从位于牛津路上的那座哥特式建筑中顺道过来，爬上这座连人行道都没有的小山，这可是要耗费他们不少体力的。这地方非常私密，或者可以说是独门独户，可能非常符合年轻家庭或者那些喜欢独处、注重隐私、不喜欢被打扰的人居住。

　　这房子也适合跑步爱好者，很多人可能会忽略这个特点。博林河（River Bollin）在山脚下向两个方向延伸，准确地说，沿着山坡往下走478步就到河边了，这个步数我肯定是数过的，毕竟我是个跑者，跑者在谈到距离和时间时一定要精确。步行至河面的桥上，你就可以选择向左或向右跑。如果你向左跑一英里半，河流会蜿蜒穿过草地，草地上有羊群，还有几头牛，其中一头白色的公牛沐浴在春日的阳光下。这里地势平坦，路面情况并不是很好，很难保持较好的配速，对训练的要求很高。你也可以向右跑，那里的地势虽不那么平坦，有一些小山丘，但你可以练习爬坡冲刺。博林河潺潺流淌，远处会传来小瀑布的声音，吸引着你继续前行。再跑个一英里半，你就会看到一些宽大的台阶，然后才是几栋房子。这里很适合进行私人训练，因为不会有人围观或审视你。两个方向你都可以跑，各跑六英里，或者同一个方向跑两个六英里，有时候一连几天都见不到一个人。跑步、思考、计算距离，当然一直以来对于距离、时间、速度、区块、类别、结果、数据的计算是很难停止的。数字是跑步的基础，话说回来，数字可以说是一切的基础。

艾伦·图灵（Alan Turing）是本故事的主人公，他曾因在学校时花费大量时间独自进行越野跑而遭到嘲笑。他的同学会说："这个傲慢的浑小子，越野跑倒是可以让他暂时不去手淫。"甚至连他的老师也说过类似"至少他能消耗一些……精力"这样的话，在"精力"一词之前是一段长长的、看似礼貌的停顿，然后总是以一种特定的音调将"精力"这个词说出来，听的人会笑起来。而他则会从聚在一起闲聊的男生的身边经过，独自踏上跑道。在冬天的学校里跑步时，他似乎从不觉得冷，喜欢穿着单衣和宽松的短裤，脚上套着灰色袜子，踩着松垮的运动鞋，仿佛跑步本身就是一种惩罚。甚至后来，当他从博林河附近山上的那栋房子跑出来时也是如此。在剑桥大学求学期间，他会沿着剑河（River Cam）河岸长跑，有时甚至会跑到伊利（Ely）。跑步能让人头脑冷静，有助于集中注意力。1935 年初夏，在剑河上游的格兰切斯特（Grantchester）草地上跑了很长一段后，图灵躺在阳光下打瞌睡，思考着数学证明，并琢磨着用"机械过程"来回答这些问题。在那次跑步中途的昏昏欲睡、如梦如幻的停顿中，他梦见了机器，而这个想法最终演变成了我们现代意义上"computer"

（计算机）的概念。图灵最初于 1935 年使用"computer"一词时，和其他人一样，computer 指的是进行计算的人，但很快他就提出了建造一台机器"来完成进行计算的人的工作"的可能性。这个想法本身并不是那么新颖，图灵小时候读过一些关于大脑的书，它们把大脑比作一台机器、一部电话交换机（在我们仍然使用电话交换机的时代，这也是一个非常常见的比喻）或一个办公系统。其实早在 100 年前，巴贝奇（Babbage）就设计出了"分析机"，一台用于计算的通用机器。但图灵思想的独创性在于，他将"一种对大脑的天真机械描绘与纯数学的精确逻辑相结合，他的机器（很快就被称为图灵机）在抽象符号和物理世界之间架起了一座桥梁"。他的这一思想在他发表于 1936 年的论文《论可计算数》（*On Computable Numbers'*）中有所阐述。但他本人对这篇论文所造成的反响感到失望，因为在文章发表之后的几个月里，只有两个人要求重印这篇文章。一些人认为，即使他的卓越思想没有被立即认可，他也几乎从不怀疑其基本思想的重要性；另一些人对此则不那么确定，他们认为，如果它真的那么重要，其他人会想立即看到它，而图灵本人实际上在这两种立场之间摇摆。

图灵在上中学或上大学跑步时，有时会有人盯着他看，在威尔姆斯洛市（Wilmslow）也时有发生，他早已习惯，也不怎么理会。跑步是他每天的例行活动，虽然他曾踩在湿滑的石头上摔伤了脚踝，后来髋部又严重受伤，但这一切磨难都未能阻止他。图灵在生活上有很多规程和固有习惯：在布莱切利庄园破解密码的日子里，因为要预防花粉症，他总是戴着防毒面具骑自行车上下班；在曼彻斯特维多利亚大学担任高级讲师时，他总是要在晚餐喝葡萄酒，在进餐时他会笑着说"我现在是高级讲师兼作家"；每天晚上都要用热水温酒，饭后总是把酒瓶盖上，不管客人是不是还想再来一杯。在个人品位、需求或愿望面前，规则是第一位的，规则有助于消除疑虑和不确定性。据推测，一些与图灵有着相似个性特征的人（如社交能力差、对他人的精神状态理解差、对情绪表达解读差、关注系统而非人等）对不确定性的容忍度极低。这一特质包含两个主要方面，每个方面都有不同的含义。第一个被称为"对可预测性的渴望"，指的是不喜欢意外事件，并希望尽可能让未来变得确定。第二个则更加极端，称之为"不确定性麻痹"（uncertainty paralysis），在这种情况下，个体在面对不确定性时会感到认知和行为上的困顿。当然，社交能力差和难以理解日常社交沟通会增加社交场合的不确定性，这会让个体更加焦虑，从而进一步抑制他们的行为。说话变得犹豫不决，充满犹豫的语气词，更加吞吞吐吐，更加不确定。人们对图灵那些充满犹豫的言语、他的"嗯"和"啊"，以及他在不合适的社交场合（例如在私人谈话中）尖锐的、过大的嗓音都有很深的印象。他那响亮而尖锐的声音格外引人注目。

显然，所有这一切都极具讽刺意味。有人用规则来消除不确定性，同时又致力于数学研究，让机器像人类一样进行计算，这将永远改变我们的世界，同时也预示着一个最不可预测的未来。许多人仍然觉得"人工智能"这个概念有些令人不寒而栗，他们常说，我们可能永远不知道人工智能将带来什么。

图灵的一位密友在第二次世界大战期间曾对他说过，人不会改变，人生来就是这样。他的这位密友是他在布莱切利庄园这座绝密机构时的同事，名叫琼·克拉克（Joan Clarke）。图灵和她曾订过一次婚，但时间很短，可谓一段奇怪的订婚经历。在图灵向她求婚的第二天，他告诉琼自己需要向她解释一些事情。艾伦·图灵的侄子德莫特·图灵（Dermot Turing）这样描述道：

　　艾伦·图灵生平第一次发现，尽管琼是女性，但自己居然可以和她平等地交流。他们经常一起值晚班，几个月来，他们一起下棋，一起进行各种社交活动，艾伦·图灵将不可思议变成了难以想象。

正如琼在 1991 年接受英国广播公司（BBC）电视节目《地平线》（*Horizon*）采访，在《图灵博士离奇的生与逝》（*The Strange Life and Death of Dr Turing*）这一期采访中所言：

　　我想，在他眼里我之所以与众不同，是因为我是一名女性。我们确实一起做过一些事情，比如看电影等等，但当他说出——我想他的话大概是"你会考虑嫁给我吗"时，我确实大吃一惊。虽然我很意外，但我还是毫不犹豫地答应了。然后，他跪在我的椅子上吻了我。我们之间并没有太多的身体接触。

第二天午饭后，当两人一起散步时，图灵说自己必须向她敞开心扉。图灵告诉琼，他是个同性恋，但看得出他在尽量委婉地表达。用琼的话来说：

　　他告诉我，他有同性恋的倾向，这自然让我有点担心，因为我知道这种倾向几乎肯定是永久性的。但我们还是继续交往了下去。

婚约最终还是取消了，琼并没有生气，只是有点惊讶，但真的一点也不生气。她对图灵说："这是你的天性，你无法改变，你也不是'倾向'于同性恋。"然后生活就顺其自然地继续了。

跑步也是如此，是图灵的天性，他在那栋房子经历了那些事情之后，仍然继续奔跑，自顾自地不断奔跑。他知道自己的身体正在发生变化，也能感觉到。他能感觉到自己的胸部在跑步时的抖动，刚开始跑步的时候几乎感觉不到，但现在只要跑几步就能感觉到，这也是他现在比以往任何时候都更需要隐私的原因。在跑上那座山的路上，他能真切地感觉到它们在动。跑者喜欢那种在跑步过程因脸颊和所有其他小块脂肪停止晃动所逐渐产生的紧绷感，但胸部的感觉不同，很不自然、很陌生。胸部的脂肪仍在晃动，那是荷尔蒙起的作用，是他因为同性恋"罪行"受到化学阉割的结果。但即使在 1952 年，图灵因猥亵罪被捕后，数学也没有离开他。在他写给朋友诺曼·劳特利奇（Norman Routledge）的信中有这样的描述：

> 现在，我正深陷那种我一直认为自己很可能遇到的麻烦之中，尽管我一直认为这种可能性的概率大约仅有十分之一。我很快就要承认自己对一名年轻人所犯下的性侵犯罪行……毫无疑问，经历过这一切之后，我会变成一个不一样的人，但具体会变成怎样的人，我还不知道。

概率数学曾让他安心，认为事情不会发展到这种地步，但同时也误导了他。他的性犯罪被当地和全国报纸争相报道。《世界新闻报》（*The News of the World*）的头条新闻写着"拥有超强大脑的被告"。他给劳特利奇的信以"图灵认为机器会思考""图灵与男性发生关系""因此机器不会思考"三段论为结尾，信的署名是"痛苦中的艾伦"。

有趣的是，人们会做出这样的假设，认为某些东西是固定的、与生俱来的、亘古不变的。但这些与生俱来的特性，哪怕是最简单的自然特性，又是如何形成的呢？又做何解释呢？图灵经常思考这些问题。很多年前他曾研究过密码，并始终对密码背后的数学感兴趣，对自然的数学、真理的数学感兴趣。他通过模拟来寻找真理，编写数学代码让机器像人一样行动，直到一个真实的人（而不是机械的人）向机器提出一系列问题，而无法分辨是人在回应还是机器在回应时为止。这个测试以他的名字命名，称作"图灵测试"。他编写出了这些机器背后的数学，并设计出了堪称巧妙的测试。同样是很久之前，图灵就将自己的一篇论文以"模仿游戏"命名。据说，他早期关于这种思维机器的研究帮助盟军赢得了战争，它价值连城，拯救了成千上万人的生命，但这并没有阻止一些人对图灵所做的一切。20 世纪 50 年代，他们用化学物质给"同性恋者"进行化学阉割以降低他们的性欲，并刺激乳房的发育，这从图灵穿的贴身汗衫上就能看出来，尤其是当他跑步时，所使用的药物己烯雌酚还会导致生殖器退化。

随后的一段时间，他对形态发生学产生了兴趣，即对事物如何遵循其本性，成为大自然的代码的研究。例如，花朵或叶子是如何发育的？其发育指令是什么？是什么阻止了它们变成其他东西或变得无法定义？这其中精确的指令（数学指令）又是什么？他喜欢沿着博林河奔跑，观察花茎，瞥见各种各样的蝴蝶和蜜蜂，随着春天的临近而发生的种种变化，以及形态形成过程中所产生的巨大推动力和牵引力。他会停下来采集一些花茎或花蕾，然后把它们带回山顶阿德林顿路（Adlington Road）的那栋房子里进行研究。于是，他成了一名大自然的收藏家。

尽管如此，还是有质疑他的声音，认为他不再会有所成就了，因为他的身材和外形都已固化了，他就是个怪人、同性恋者、掠夺者、总是在跑步的怪人、畸形儿、天才。有时，当他沿着山道准备回家时，也会出现对某些事情的不确定感、无把握感。现在的他从不怀疑自己的天赋，只是怀疑别人的判断力。但这种对自己能力的信心也并非一直存在，图灵也曾对自己的能力非常怀疑。

1927 年，图灵就读于谢伯恩公学时，遇到了自己的初恋克里斯托弗·莫尔科姆（Christopher Morcom），对方才华横溢，在他眼中魅力无限。站在莫尔科姆身边，图灵不禁对自己的能力产生了怀疑，觉得自己样样不如他：

> 克里斯托弗的工作总是做得比我好，我觉得他非常细心。他确实很聪明，但从不忽视细节……这种能力不禁让人佩服，我当然也希望自己能做到这一点。

图灵的老师对他的作业"脏乱"、马虎的学习态度提出了无尽的批评，甚至校长都说他"有时真的非常邋遢"，这进一步加重了他的自我怀疑。即使在数学方面，老师们对图灵的评价也不高。1927 年夏季学期学校数学科目的报告这样写道："不太好。图灵花了很多时间研究高等数学，却忽视了基础学习。任何学科都需要扎实的基础。他的作业看上去真的是脏脏的。"1927 年夏季学期学校数学科目的报告说："我可以原谅他那迄今为止我见过最糟糕的书写，我也尽量宽容地看待他一贯的不精确、马虎和脏乱的作业，尽管这种不精确对一个实用主义者来说是不一致的，但我实在无法原谅他对《新约》合理讨论所展现出的愚蠢态度。"同一学期的学校拉丁语科目报告写道："就形式科目而言，他不应该被分在这个班，因其进度落后得匪夷所思。"这种无尽的批评，无论其中夹杂着多么厌恶的情绪色彩，"脏乱"一词似乎在所有这些学校报告中都有出现——脏兮兮的手指、蓬乱的肆意生长的头发，这一定导致了他对自己的怀疑。还有克里斯托弗·莫尔科姆的存在，这个金发碧眼天使般的孩子，天赋异禀，总是出现在人们眼前，相比之下，图灵黯然失色。

克里斯托弗是图灵喜欢合作、仰慕并与之比较的对象，他获得了剑桥大学三一学院的奖学金，攻读数学专业。尽管图灵在数学方面确实具有一定的创造力和"天赋"，能够展现出"一种不同寻常的能力，能够注意到某些问题中需要讨论或避免的较不明显之处"，但是他却未能获得三一学院的奖学金，他的高等数学考试也未通过，考官写的评语是："他似乎缺乏仔细计算或代数验证所需的耐心，且字迹潦草，经常因此失分。"1931年，图灵终于获得了剑桥大学国王学院的奖学金，得以继续研习数学。在数学领域，国王学院与三一学院相比只能算是次优选择，艾伦对此心知肚明。

这一切都与数学和数字之美息息相关。图灵从小就意识到自己的与众不同。他早熟，数学天赋略显不寻常，但很独特也很混乱，无法立即被认可。他在学校遭受欺凌后，在比自己高一年级的克里斯托弗那里找到了庇护。他们对密码、谜题以及动脑子的事有着共同的热爱，彼此间建立了深厚的联系和感情。"1"这个数字对他们来说从来就不仅仅是一个数字，那是一种联系、一种爱。但在某个假期之后，克里斯托弗并未返校，当图灵打听他的去向后才知道，他已经因从未提及的病情离世了。这一打击让图灵刻骨铭心，校长告知他这一消息时的神情也深深地烙印在他大脑的边缘系统中，烙印在那连接感官和记忆的原始情感系统中。脑海中的画面仿佛用擦不掉的墨水写下，肮脏的墨水给大脑的记忆留下了显眼且永存的污渍。人们总是认为，英国公立学校男生之间的爱恋关系只是阶段性的、短暂的暗恋，是在这种无异性的、非自然的、高强度的、狂热的环境中发展起来的，最终必然会消失，但有些事情的发生仿佛是由密码写就的。正是这种环境与遗传的结合，让智力、天赋、爱情、遗憾、羞耻、同情等事物得以发展、繁荣。克里斯托弗去世后，图灵下定决心要做些事情，做些克里斯托弗"被召唤离开"前要做的事情，这似乎成了图灵一生的动力，他要为逝去的朋友和偶像追求卓越。最开始的时候，他在国王学院的学习并不稳定，在大学一年级的考试中只获得了二等成绩，于是他写信给克里斯托弗的母亲，信中谈及了自己"考试之后几乎无法面对任何人"的原因并做了解释。随后，他的成绩开始慢慢提升，并逐渐加速。但即便如此，所有那些教师评语以及与才华横溢的克里斯托弗·莫尔科姆的比较使他产生的自我怀疑依然存在。1933 年 12 月 1 日，大学三年级开学伊始，图灵受邀前往剑桥大学道德科学俱乐部（Moral Sciences Club）发表关于数学和逻辑的演讲。他在一封家书中写道："我希望他们还不知道。"他甚至怀疑自己的思维是否具有原创性，而他的原创性就是他所拥有的一切。

艾伦·图灵在求学期间一直遭受老师的批评，但此后，他的自信心逐年增强，对自己能力的怀疑也开始消退。1934 年，他在数学考试中以 B 星的成绩毕业，这意味着他在额外的论文中也获得了优异的一等荣誉。这正是他所需要的认可和证明，这种认可和证明决定了他的未来。这个对人类生理学的基本知识都一无所知的人，后来大胆地设计出了一个"机器大脑"，设计出了一个基本不受神经科学约束的、由数学控制的智能类脑装置。现在，他对自己在这个熟知的世界（即系统和数学过程的世界）中所做的事情毫不怀疑。在《心灵》（Mind）杂志的一篇文章中，图灵驳斥了几乎所有关于机器智能的反对观点，图灵写道："我认为，最初提出的'机器会思考吗'这一问题毫无意义，不值得讨论。"他能透彻理解系统、数学和概率，但对人的了解则不那么透彻，无论是怀疑论者、同事还是持有不同观点的人。如果他能更好地理解他们，从他们的角度看待问题，他的一些言论可能就不会那么尖刻了。

然而，有时强行消除怀疑，以及消除怀疑后随之而来的自信，也很可能带来问题，尤其是当这种自信膨胀到其他领域的时候。就比如，有些时候，自信会在没有任何真正的理由或依据的情况下，在其他领域快速增长。怀疑可能是一个巨大的阻碍，但它也会让人在行动时更加谨慎和克制，有些时候这种阻碍是非常必要的。那么，如何才能不仅仅在特定的领域，而且在所有领域消除怀疑呢？一个可能的改变机制是自我效能感的提高，这是指个体对自己执行必要行为以实现特定绩效的能力所抱持的信念。它对日常生活的重要性是显而易见的，用班杜拉（Bandura）的话说："在代理机制中，没有什么比人们对自己有能力控制影响其生活的事件所抱持的信念更重要、更普遍的了。"实证层面也已经证明了其相对直接的影响。柯林斯 1982 年的研究表明，在所有数学能力区间内，认为自己效率高的儿童在面对难题时，会更快地摒弃错误的策略，而且他们解决难题的总数也更多。换句话说，自我效能感与更好的成绩（在这种情况下是数学）相关。反馈，即使是虚假的反馈，也会让人在实验任务中更加努力和坚定。但在现实生活中，通过掌握某些任务和经历来获得个人能力是"创造强烈、有韧性的效能感"的最有效方式。

图灵在纯数学任务、密码破译、掌握抽象概念、计算机器的制定等方面有着多年的经验，而这些自我效能感信念的变化通过以下四种主要过程对其思维和感受的其他方面产生影响。

一是认知过程。自我效能高的人会认为环境是可以影响或控制的，他们把成功而非失败看得很重，研究表明，这会增强后续的表现。

二是动机过程。自我效能感高的人会对因果归因产生偏差，更强调成功源自内部原因（如"这都是因为我，我多么聪明"），而将失败归因于外部因素，一般会归咎于形势（如"考试太难了"），这有助于其保持情绪和专注度。自我效能的信念越强，人们就越能持续努力。正如班杜拉所指出的那样：

> 在经历了一些失败或挫折之后，自我怀疑会迅速产生。重要的不是困难会引起自我怀疑，这是一种自然的即时反应，而是从困难中恢复自我效能感的速度。有些人能迅速恢复自信，而另一些人则会对自己的能力失去信心。

三是情感或情绪层面。自我效能感会影响人们在威胁情况下感受到的压力和抑郁情绪的程度。那些相信自己的人不会像那些不相信自己的人那样对潜在的威胁感到困扰。在这种情况下，他们表现出的情感唤醒程度较低。

四是选择过程。个体对自我效能感的判断会影响其对活动和情境的选择，而这些活动和情境可能会超出他们当前的应对能力。但用班杜拉的话来说，他们仍然"乐于从事具有挑战性的活动，并选择他们认为自己有能力应对的社会环境"。

在剑桥大学、布莱切利庄园、普林斯顿大学以及曼彻斯特的维多利亚大学的日子里，图灵的自我效能感不断增强。或许许多人认为他古怪，是个"固执的独行侠""雪莱笔下住在脏乱环境中的科学怪人"，但这些与他的工作、成就以及不断掌握的"任务和经验"无关。请记住班杜拉的话："他们乐于从事具有挑战性的活动，并选择他们认为有能力应对的社会环境。"图灵曾在曼彻斯特大学研制出了世界第一台存储程序计算机"宝贝"，这是一项大胆而富有想象力的工作。那些不相信自己的人会对潜在的威胁感到不安，而相信自己的人则不会。你要有自信，才能如此大胆、如此创新。图灵当时在曼彻斯特大学的库普兰 1 号楼工作，这是一座荒凉而没有灵魂的建筑，是著名的卢瑟福大厦的附楼，1903 年至 1919 年间，卢瑟福及其团队曾在此研究铀 -238、铀 -235 和钍 -232 的放射性衰变。这座建筑在之后的几十年里一直具有放射性，在那里工作的人经常以一种类似"死亡笑话"的黑色幽默来开玩笑，讲师们会带着探测辐射的盖革计数器去上班，然后看着计数器不断地跳来跳去。在图灵去世几十年后，那里接二连三有人死于胰腺癌、脑癌和运动神经元疾病，来自心理学系的三位讲师现在占据了这栋楼，他们就科学和医学证据撰写了一份报告。那些逝者的家属把死因归咎于大楼不同区域受到了放射性污染，一些办公室和实验室似乎尤其危险。讲师们显然担心自己和同事的安全，大学也不得不就这种负面舆论进行回应，并委托南安普顿大学的戴维·科根（David Coggon）教授对证据进行独立审查。该报告发现，这一系列癌症死亡病例只是个"巧合"，关于这一结论，我们可以从《自然》（*Nature*）杂志 2009 年 9 月 30 日刊出的文章中找到。但许多在那里工作的人并不信服。图灵一定听过同事们开玩笑说墙壁会发光。电气工程系的 F.C. 威廉姆斯（F.C. Williams）教授曾对实验室进行过如下描述：

> 这听起来不错，但实际情况如何呢？该实验室只是一间位于维多利亚式建筑里的房间，其建筑特点用"维多利亚晚期简陋的洗手间"来形容最为贴切。其墙壁贴的是棕色的釉面砖，门上贴着"磁力室"的牌子。

卢瑟福楼总是散发着一股霉味，油漆剥落，窗帘破损，棕色的釉面砖和金属楼梯显得很陈旧，阶梯教室的座位坚硬且不舒服。这里没有什么吸引人或舒适的东西，你总是觉得不应该在这里待太久，据说这里的墙壁会发光，而且卢瑟福楼其他实验中的水银已经渗入这栋建筑的结构中了。到了 12 月，图灵也不得不离开阴雨连绵的曼彻斯特。

谈谈他的私生活。他的同性恋倾向一直伴随着他，当他第一次在牛津路尽头的皇家电影院外看到 19 岁的阿诺德·默里（Arnold Murray）之前，他其实早已在剑桥大学和其他地方有过几次同性恋的经历了。那是 1951 年 12 月的一天，默里失业了，生活窘迫，还在缓刑期间，可以想象，他们在生活背景、社会阶层和地位上的差异有多大。图灵问他要去哪里，默里回答说"没什么特别的地方要去"，于是图灵就带他到马路对面吃午饭，他成功搭讪了这个粗俗的人。午饭后，图灵告诉他，他必须回到大学去研究电子大脑。阿诺德对他的工作表现出了一些兴趣，于是艾伦邀请这个偶然搭讪的人去他位于威尔姆斯洛的家中做客。在牛津路那个可疑的尽头，这种搭讪很不寻常。阿诺德虽接受了邀请，但并没有赴约。但事情就是这么巧，图灵在第二周又遇到了他，并再次邀请他到家里做客，这次阿诺德来了，并以恋人的身份和图灵共度了一夜。隔天早上，当图灵在做早餐时，他发现自己钱包里的钱不见了。

几周后，图灵的家被盗，丢了一件衬衫、几把鱼刀、一条裤子、几双鞋、一个指南针和一瓶打开的雪利酒，这些乱七八糟的东西总共价值约 50 英镑。图灵向警方报了案，两名刑警赶到现场采集了指纹，随后，阿诺德的朋友哈里通过指纹被确认。哈里被捕后，在供述中提到阿诺德曾在图灵家"交易"（图灵曾"借给"阿诺德一些钱）。警方随后再次对图灵进行了传唤和讯问，但这次的重点不同，图灵承认他第一次询问时向警方隐瞒了一些信息，因为他和涉案的那位先生"有染"。图灵对他们参与和进行的行为进行了概述，随后他被指控"违反英国 1885 年的《刑法修正案》（*the Criminal Law Amendment Act 1885*）第 11 条的严重猥亵罪"，等待他的是在化学阉割和监禁之间做出选择。他选择了前者，这意味着药物会让他的胸部开始发育。几年后的 1954 年，他吃了一个毒苹果自杀身亡。

可以说，正是因为图灵消除了人际关系领域中的怀疑，才导致了他不光彩的陨落（至少在当时的历史时期和文化背景下是如此）。取而代之的是这种孤注一掷的知识分子式的大胆，在这种勇往直前中，他摒弃了怀疑和怀疑论者，并在个人生活中表现出一种可能从未得到证实的自信和信念。他自以为是的信念让他觉得，自己能够在其他陌生的奇怪社交环境中取得成功，在那里他不知道规则，看不懂街上那些迎合老男人的年轻骗子的心思，也无法从他们的角度看问题。他很天真，很容易被他人利用，被他人剥削。而且，他不熟悉 20 世纪 50 年代初的英国，在威尔姆斯洛这个体面的郊区，警察是如何看待某个年龄段的男人和比他小得多的男人上床的。他为什么要邀请曼彻斯特郊区的威森肖威（Wythenshawe）的那些粗人来家里？邻居们会怎么想？他不在乎吗？难道他想象不出他们的反应吗？

也许，他应该对当时的曼彻斯特那些强硬警察如何看待"风流韵事"这个概念产生一些怀疑。自我效能感有时被视为我们现代社会的灵丹妙药，运动员、商人、女人以及每个电话销售代理都想象着成功，并高喊励志口号来消除怀疑，建立自信。但自我效能感是一种性格特征，是可以塑造和改变的，也可以推广到各个领域、情境和时间中去。它影响着我们的思想、动机、情绪和选择。它能消除怀疑，这就是它的美妙之处。但有时我们需要保留一些怀疑，这就是我对身处 20 世纪 50 年代初英国这个扭曲、虚伪、黑白分明的世界中的艾伦·图灵的感受。

当然，有些人认为著名的"图灵故事"是一个英雄故事，是一个捍卫真理、忠于科学、忠于自我、忠于正确道德、坚持到底的故事。我能理解这一点，也能理解这种说法，但我一读到艾伦·图灵生前最后一年的信件，就感到悲伤和遗憾。他的离世对我们所有人来说都是巨大的损失，而在这个例子中，怀疑的缺失无疑在其中扮演了重要角色。怀疑可能是一种圆滑的现象，但对个人和社会都有着重要的影响。它是一种抑制剂，但有时在某些情况下抑制太有必要了。

总结

- 艾伦·图灵起初是一个有些谨慎的男孩，对自己的工作和能力持怀疑态度。
- 他将自己与挚友兼初恋克里斯托弗进行了对自己不利的比较，后者英年早逝。
- 他在一个对我们所有人都有着巨大影响的特定领域取得了卓越成就——设计了第一台计算机。
- 图灵在个性方面发生了显著变化，尤其是在怀疑态度上。
- 变化的一种可能机制是自我效能感的变化，这是指个体对自己执行必要行为以产生特定绩效成果的能力所抱持的信念。
- 在数学和抽象思维领域，图灵的自我效能很高，但在人际交往领域则不然。
- 强行消除怀疑以及消除怀疑后随之而来的自信可能会成为问题，尤其是当这种自信渗透到其他领域时，自信有时候确实会在没有任何真正的理由或依据的情况下渗透。
- 怀疑可能是一个巨大的抑制，但它也会促使人更加谨慎行事，而有时谨慎是必要的。

- 图灵的自我效能感信念意味着他觉得自己能够在陌生的社交环境中取得成功，尽管他对这些环境并不熟悉，不知道规则，无法理解街上那些迎合老年人的年轻骗子的心思，也无法从他们的角度看待和处理各种情况。
- 也许，图灵应该对当时曼彻斯特那些强硬的警察如何看待"风流韵事"这个概念产生一些怀疑。
- 图灵很天真，容易被他人利用，被他人剥削。
- 他需要一些怀疑态度，但很不幸，最终也并未拥有。

07

DOUBT

"治疗性"地解决怀疑

拳击手的自信与恐惧

　　他站在我面前，我和其他在场的大约 11 个人都尽力忍着不笑。他的双手沉重地垂在身体两侧，戴在手上的手套对他来说似乎太大了。我估计他最多也就只有七八岁，白皮肤，有着瘦削的腿和躯干。他穿着一件泛灰的白色汗衫，但是衣服对他来说太大了，不时地从肩上滑落，衣角还是破的，你可以看到他肩膀上的骨头都凸出来了。那件汗衫和那副手套可能是他那来这里完成训练的哥哥的，也可能是他的哥哥传给他的。他的哥哥或许就在我们这一群人中，围成半圆站在那里，想知道他能为弟弟做些什么。那件汗衫看起来又旧又油腻，好像已经传了好几手了。房间里弥漫着汗水、雄性激素的味道，可能还混杂着些许血迹。一进训练馆的门，一股非常独特的气味就扑面而来，墙壁湿漉漉的，角落里还长着霉菌，汗水与潮湿、血液与潮湿交织在一起。我以前从未闻过这样的气味，我们中的一员告诉我，是多年的血腥味让这里弥漫着这种特殊的气味，血腥味已经渗透了这个地方的每一个角落。那个孩子很尴尬，轮到他了，他站在拳击台中央，现在成了众人瞩目的焦点。他知道自己的责任，知道自己现在该做什么，他要像哥哥一样，要被这里接纳，要成为一名男子汉。

　　靠在绳索上的白发老人操着浓重的爱尔兰口音问他，是否认识歌词的字。男孩悲伤地点了点头，头微微低垂，他感到尴尬，不仅仅是尴尬，他看起来既惊恐又悲伤至极，几乎要哭出来。周围有几个和他同龄的男孩，也许是住在附近狭窄街道上的朋友，其中有几个年纪稍大的男孩，也许他们中间就有他的哥哥。此外，还有一些体格健壮的职业拳击手，有两个是熟面孔，另一个则是世界冠军。媒体称这位世界冠军为"话唠"，他是整个拳击界最傲慢的世界冠军，比拳王阿里还要傲慢。他身材瘦小，就像那个男孩，但长相却像阿拉伯人。他从七岁起就来这里训练了，他已闻不出训练馆特殊的味道了，他早已习惯了。大家都说，那位年迈的白发老人就是他的代理父亲。这个皮肤苍白的男孩瞥了一眼世界冠军，似乎在征求他的意见。世界冠军只是笑了笑。"继续吧。"他一边说一边笑着环顾四周。

男孩张了张嘴，却没有发出声音。"我忘词了，"他低声说道，"我做不到。为什么我得这么做？"

"每个人都得这么做，没有例外，就连那边的那个人也一样。"满头白发的老教练说道。他耸了耸左肩，示意世界冠军。

"没错。"冠军附和道。他耸了耸肩，再次环顾了四周。

我会用"傲慢"来形容他。他还在笑，他身旁的朋友也一样，这让男孩显得更加尴尬。这就是男孩想要成为的样子——像他们一样自信满满、趾高气扬、财源滚滚。

老人为他起了一个头，然后男孩也跟着唱起来，声音很小，几乎是耳语，但听起来相当悦耳。

"红黄粉绿。"

歌声停顿了一下，什么都没发生，所有人都盯着站在拳击台中央的男孩。男孩又试了试，重复着"红黄粉绿"这几个词。没有曲调，他只是在对教练念词。

"唱出来。"白发男人说道。

"你得唱出来，"冠军说，"任何人都能念词。我们这儿不一样，我们不是普通人。"

白发男人继续唱着："紫橙蓝。"男孩开始加入，他看起来快要哭了，但现在他们正一起唱着："我能唱出彩虹／唱出彩虹／我也能唱出彩虹。"

"下一节我来唱，"教练说道，他唱得依旧很准，"用你的眼睛倾听／用你的耳朵倾听／唱出你所看到的一切／我能唱出彩虹／唱出彩虹／跟我一起唱。"

"现在轮到你再唱第一节了。"教练说。这次男孩自己唱，他的声音很好听，非常稚嫩。所有人都显得很惊讶，歌声听起来很纯真。唱完后，掌声雷动，还有几声欢呼。

站在中间的瘦弱男孩笑得合不拢嘴，我注意到他的右腿在微微颤抖。

"现在我们能再放点我的音乐吗？"冠军说道，"然后继续谈正事。"他说"正事"时，重读了第一个音节。震耳欲聋的说唱音乐轰然响起：它让我吓了一跳，有种直击心灵的感觉，听起来就像夜总会开始营业一样。这种音乐和气味结合在一起，营造出一种原始、近乎兽性的感觉，这与刚才以孩子般的方式唱出的儿歌形成了鲜明对比，仿佛我们刚刚走进了一个不同的房间，或步入了一个截然不同的世界，那里已没有任何纯真可言。

"我把这种音乐叫作'垃圾说唱'。"教练对我说。他瞥了一眼冠军纳西姆·哈米德，或者如他自称的"拳击王子"，纳西姆并没有理他。拳击手们开始在拳击台上逆时针走小圈。王子、他那位肌肉发达的黑人朋友（比这位5英尺4英寸的冠军高出近1英尺）以及其他所有成员，包括新来的男孩们，都排成一列略显庄重的队伍不断地走着。冠军随着音乐摇摆，其他人则没有，他似乎觉得自己正在镜子前跳舞。我注意到，一名年龄较大的男孩正在拍那个小男孩的背，他看起来和那个小男孩长得很像，发色相似，体型相似，都显得有些营养不良，肯定是穷孩子。新来的男孩笑了笑，跟着其他拳击手绕着拳击台走小圈，他现在看起来不那么害怕了。他已经通过了第一关的考验。

这是几十年前位于谢菲尔德的布伦丹·英格尔拳击馆。布伦丹是英国有史以来最成功的拳击教练之一，自 20 世纪 60 年代首次开业以来，这家位于温科班克（Wincobank）、弥漫着刺鼻气味、墙壁和天花板上长满霉菌的拳击馆，已经培养出 30 多名主要赛事冠军、5 名世界冠军、6 名欧洲冠军、6 名英联邦冠军和 15 名英国冠军。唱儿歌是布伦丹训练方法的一部分，关乎信心的培养，关乎怀疑的消除。

怀疑和自我怀疑是所有体育运动的核心，其主要源于对失败的恐惧，但这种恐惧其实还分为几个层面：害怕失败本身，以及与失败相关的羞耻感和尴尬；对表现不佳的社会后果的恐惧；担心辜负教练、家人和朋友的期望。你可能在拳击赛场上失去自我价值、失去生计、失去朋友、失去生活习惯、失去网络的支持、失去自尊，甚至可能会失去生命，布伦丹喜欢提醒他们这一点。在体育运动中，那些对失败恐惧程度高的运动员通常会表现出更高的焦虑水平，这类运动员经常担心与成绩不佳有关的因素以及由此产生的社会和心理后果。所有可能的失败都被编码成一组负面的情绪信号，我们可以将其描述为恐惧、羞耻和尴尬，而这些信号给人一种直接的体验。麦格雷戈（McGregor）和埃利奥特（Elliot）2005 年证明了这种对失败的恐惧和羞耻之间的概念联系。对于非常害怕失败的人来说，成就事件很多时候不仅仅是学习的机会、提高自己能力的机会，或是与他人竞争的机会；相反，它们还可能是威胁性的、以评判为导向的经历，会把一个人的整个自我置于危险之中。这些情绪往往会引发逃避行为，那些对失败产生高度恐惧的人通常会设定特定的回避型目标，并采用"自我封闭策略"，这对个体的表现和心理健康皆会产生负面的影响。这就是那位靠在拳击台绳索上的白发苍苍的老人所面临的挑战，他必须在那个瘦弱的孩子登上拳击台之前就阻止他输掉比赛，心理学家称之为"自我设限"。

有证据表明，对失败的恐惧会代代相传。1993 年，沙赫特·辛格（Satvir Singh）发现，母亲身上的易怒和依赖等负面特征与儿童对失败的高度恐惧相关。1986 年，格林菲尔德（Greenfield）和蒂文（Teevan）报告说，父亲在家庭中的缺位，尤其是如果缺位是由父亲去世造成的，也与孩子更高水平的失败恐惧有关。2004 年，埃利奥特和特拉什（Thrash）的研究表明，父母对失败的恐惧是他们的孩子逃避成绩目标的积极预测因素。换句话说，它是代代相传的。研究者指出，尽管对失败的恐惧是一种成就动机，但其在羞耻经历中的概念基础意味着它本质上是关系性的，因为它"涉及一种意识，即这个有缺陷的自我暴露在真实或想象的观众面前，被认为是不值得爱的，并伴随着被抛弃的风险"。对失败的恐惧会影响父母如何看待失败以及如何看待他们自己的失败经历，因此也会影响他们如何应对孩子的失败。父母在自己的生活中会自我设限，并将这种行为传递给子女，与其在尝试后失败并承受失败所带来的所有羞耻和尴尬，不如不去尝试。这就是一些人内心的想法，也是恐惧传递的机制。这位在谢菲尔德某个最不起眼的地方开拳击馆的教练必须打破这种传递链。家庭会将他们对失败的恐惧传递给孩子，在谢菲尔德的温科班克地区到处都是不再愿意尝试的家庭，而布伦丹·英格尔必须改变这一现象。

布伦丹在纳齐姆·哈米德年仅七岁时便将他收入门下。他曾见到这个孩子在当地一所小学的操场上打架，当时便觉得他与众不同。这孩子独自一人，同时与三个白人孩子对抗，却毫不退缩。布伦丹认为这个巴基斯坦小孩（纳齐的父母其实来自也门）一对三，可能和种族冲突有关吧，当时，该地区民族阵线（the National Front）势力庞大，布伦丹看准了这孩子浑身是胆。纳齐姆当时就住在街角，从那以后就开始每天来拳击馆训练，而布伦丹则带他四处奔波，这个有着卷曲黑发的也门小男孩总是跟在这位老教练身后。他想让这个孩子亲眼看看拳击界，见识拳击界的阳光与黑暗。他们之间的那种形影不离，几乎可以代替父亲角色的父子关系成了周围人时刻都在谈论的话题。在这个过程中，布伦丹教会了这个男孩自信和生活技能，灌输其成就动机，消除他的恐惧，使其志存高远。"然后我们都会成为百万富翁。"布伦丹总是这样说，然后他们会相视而笑。

当然，拳击绝非普通运动，恐惧始终如影随形。你站在拳击台上，赛前脱衣，几近赤身裸体，所有的舞台效果（绕场、音乐、形象）都已抛诸脑后，直视着另一个想要狠狠伤害你的男人的眼睛。美国小说家乔伊斯·卡罗尔·奥茨（Joyce Carol Oates）曾写道："与摔跤不同，拳击是'真实'的，而非戏剧化、排练过或模拟过的。"你的对手正试图超越你，让你不敢与其对视。裁判的手臂将你们隔开，但这一安全屏障很快就会被移除。布伦丹就特别喜欢提醒他所有的拳击手，拳击是唯一一项可以合法杀人的运动，拳击馆里也挂着一块同样标语的牌子。你凝视着对手的眼睛，试图控制哪怕一点点自己情绪的外露，但这需要很努力才能做到，但凡你有任何一点疑虑，对手都会察觉。他能嗅到你的恐惧，拳击台上的对手会盯着你的双眼，任何一个微表情都能告诉他所有他想知道的信息。正如奥茨所写："没有两个男人可以同时占据同一个空间……拳击属于男人、关乎男人、就是男人。"你们离得非常近，近到能闻到对手呼出的气息。你心里清楚，一旦裁判的手臂抬起将会发生什么，对手的呼吸闻起来令人作呕，但当下唯一的只是时间问题。

　　然后，一个问题浮现在你的脑海中——会有多疼？许多来到布伦丹拳击馆的拳击手在年轻时都曾遭受过欺凌，这就是为什么他们一开始会选择来这里，来学习如何保护自己，他们对恐惧再熟悉不过了。这些拳手以前都有过怀疑，但现在每天都在尽自己所能地训练，直到某天下午被叫去打比赛，打一场没人指望你能赢的拳赛。即便这样，这些拳手也绝不会临阵脱逃，更何况那些买了输赢的观众，可是花了不少钱在拳赛上，即便是垫场赛也必须精彩。你的对手将拳套相撞，汗珠飞溅，落在你身上，时间在这一刻定格了。这要打几个回合？铃声响起。你几乎被自己的口水呛到。比赛开始，对手第一拳就打在了你的肋骨上，你根本没想到这一拳就像软化剂，让你身心俱疲。

　　要训练一名拳击手，就必须教会他消除恐惧，教会他消除怀疑，控制自己的言语、行为和情绪，必须教会他们自信和镇定自若，这就是许多成功的拳击手看起来都很傲慢的原因。他们已经学会了战胜恐惧，而不像我们其他人有时会被恐惧所吓得动弹不得。你必须多年训练他们的自我效能感，直到他们觉得自己可以做任何事，击败任何对手，征服世界。这些教练都是消除疑虑的专家。布伦丹的训练方法总是很独特，而且行之有效，这方法基于表演练习，击打而不被击中［赫罗尔·格雷厄姆（Herol Graham）是英格尔拳击馆早期的拳击手，他曾离世界冠军仅一步之遥，他会在周日下午站在拳击台上，一只手背在身后，邀请当地工人俱乐部的赌客们以击打他的头部来下注，但他们从未成功过］、沙袋训练、手靶训练、实战对抗（不包括头部击打）以及其他无数的训练，如步法、"走线"（在拳击馆地板上标出）、杂技技巧以及空翻，还有这些奇怪的叙事技巧和背诵儿歌的公开朗诵。

　　布伦丹为什么坚持让自己的拳手公开背诵儿歌？而且不是偶尔一两次，也不是在拳手刚来拳击馆时，是多年来长期公开背诵。布伦丹让拳手们这样做是为了克服公开发言的恐惧，克服出丑的焦虑，教会他们减少自我批评、控制思想和情绪。20 世纪 90 年代，我就来过这家拳击馆观察训练过程并了解其效果——这是一项人种学研究，为了融入这个团体，我也开始进行拳击训练。我个人非常喜欢这个想法，我姨夫特伦斯年轻时在北爱尔兰利戈尼尔村是名成绩不错的业余拳击手，小时候，他会在周六晚上和我爸爸从酒吧回来后和我对打。如果周六晚上特伦斯满身酒气，我们家那只黑白相间的狐狸犬就会趴在他的肩上咬他的脖子，而我则会爬到沙发后面打他的耳朵。有一天晚上，我把姨夫打成了熊猫眼，但他却因此觉得非常的骄傲。特伦斯通常在周六晚上会喝 14 品脱[①]的健力士黑啤，所以我觉得他应该没感觉到疼，尽管他把斯波特扔到了房间的另一边，但狗其实是无辜的。我们总是在周六晚上挥汗如雨，满身都是咸咸的汗水和狗狗吐出的恶心泡沫。然后，狗会跑到电暖器旁边歇一歇，趁我姨夫不注意，偷偷绕到沙发后面喝掉我姨夫杯子里的黑啤。虽然这些事情已经过去许久，但我认为这对我上场比赛很有帮助，甚至可以自信地出拳。我在拳击馆和一群门卫一起训练，其中有几个人是前职业拳击手，包括"炸弹"米克·米尔斯（Mick Mills）。我非常喜欢米克，他总是那么风趣、热情，而且意志坚强。沙袋训练和跑步是我的最爱，但每当我走上拳击台和他们一起训练时，布伦丹总是显得很惊慌。"杰弗里，别让他们把你当沙袋。"他警告道。

　　被当沙袋也无妨，拳击练习和拳击馆里的工作让我得以近距离观察，

---

①　1 英制品脱 ≈568 毫升。——译者注

更详细地了解拳击手的训练和性格变化。这正是我想看到的：心理变化以及这种变化是如何嵌入人际关系的，怀疑及其消除是如何取决于有时漫长而复杂的社会进程的。我做了很多观察：

> 拳手们站在拳击馆的休息区，面前是一台磅秤。这位50多岁、头发花白的教练只穿着内裤，旁边是一个矮小、瘦弱的阿拉伯裔男孩。房间的一侧有一个大书柜，上面有很多关于爱尔兰历史的书籍，封面都是黑色的，点缀着绿色的三叶草，透着严肃的阅读氛围。这里更像是一个小有名气的学者或牧师的客厅。在另一面墙上挂着一幅镶着框的拳击手赫罗尔·格雷厄姆的大幅照片，那是多年前的格雷厄姆，永远乐观、充满希望的格雷厄姆，他可是谢菲尔德最著名的拳击手，差点成为世界拳王，没错，是差点。这位头发花白的人先上了磅秤。"整整12英石①。现在轮到你了，别忘了我之前警告过你。"他的爱尔兰口音浓重得像黄油一样。阿拉伯小男孩故作趾高气扬地走上前。"没事的，布伦丹，别担心。"他带着谢菲尔德人特有的傲慢口音，"我还年轻，身体棒着呢。我很在行的。"

布伦丹·英格尔只是暂时把目光从磅秤上移开。他觉得有必要解释一下：

> 纳兹，或者说他在拳击台上的名字——"拳击王子"纳西姆·哈米德，问题在于他知道自己很优秀。在那个年纪，这难免

---

① 1英石≈6.35千克。——译者注

会让他飘飘然。他爱自己，这又有什么不对呢？我从他 7 岁起就带他，现在他 19 岁了。他的父亲来自也门。我当时坐公交车从这里经过，公交车在学校外面停下。下午三点，学校刚刚放学，我就看到一个小孩子，我以为是巴基斯坦人，被三个白人孩子围着打，靠在栏杆上。他们三个都在踢他、打他。我的第一反应是，生活从未改变，我小时候在都柏林也这样打过架。当然，他们总是能找到一些理由来找你打架，如"你不是正宗的爱尔兰人——你祖父是英国人""英格尔是个什么名字"，他们总能找到一些理由。如果不是这个，那就是"你以为你很了不起，因为你兄弟是拳击手。"我出身于一个大家庭——我有 10 个兄弟和 4 个姐妹。但我对这个年轻的巴基斯坦孩子印象深刻，我一眼就能看出谁有天赋。哪里有打架我就去哪里，但我会保持距离，看着他们。我不会参与，但会观察。我一直对人与人之间的冲突很感兴趣，无论是争吵还是拳脚相加。我对人性很感兴趣，而人们在打架和争吵时就会展现出很多的人性。我就喜欢看热闹，看看是怎么发生的，又是如何继续的，喜欢观察谁参与其中、谁在忙前忙后、谁在挑事、谁在搅局。我观察，我学习。我看得出这个年轻的巴基斯坦孩子很有天赋。我第一时间就跑回家把我的发现告诉了妻子阿尔玛。现在看来，我的看法无比正确，纳兹已经赢得了七个英国冠军头衔，并且还作为业余选手代表英格兰参加拳击比赛。现在他是职业选手了，但即使是作为新人，他的收入也相当可观。但这只是开始，一切都取决于自律。

纳兹上了磅秤。

　　这秤可从不说谎，纳兹，记住啊……8英石9磅①。我怎么跟你说来着？我是怎么叮嘱你的？你还在吹嘘你昨天吃的垃圾炸鱼条和炸薯条。你看，报应来了吧。你超重3磅。我跟你说过多少次，你吃得不对，睡得也不对，还熬夜打斯诺克，打到很晚。

"可是，布伦丹，我打败了所有人。我把他们都击倒了。你知道我有多厉害。"布伦丹回应说：

　　你或许是自切片面包问世以来最伟大的拳手，但这次就是你的报应。大战前两天还超重3磅，这对任何拳手来说都是很难减掉的，更别说雏量级②拳手了。你只剩下不到两天时间。这次就要看你赛场外的真功夫了。

布伦丹一个月后说道：

　　我早就知道，小纳兹总有一天会体重超标的。那小子能吃下整个英格兰的食物。周一剩下的时间和周二早上，我都不让他吃任何东西。周二午饭时，我又称了称自己的体重，回到了12英石。我和纳兹说，到伦敦时只要我一路开车，就会身心疲惫，体重就会掉2磅，这对他来说可没那么容易。我们住在托马斯·贝克特拳击馆楼上的公寓里，我还随身带着我的体重秤。到了伦敦，我的体重降到了11英石12磅，正如我所预料的那样。纳兹减掉了1磅，但他还需要减掉2磅。纳兹的房间很冷，我把自己

---

① 1磅≈0.45千克。——译者注

② 雏量级体重在53千克至55千克之间。——译者注

房间的吹风机拿出来给他用，还打开了他房间角落里的太阳灯日光浴床。我的工作就是确保他在大战前尽可能舒适。我和他说，睡觉能减掉近1磅的体重。我们俩都饿得要命，那一整天我也什么东西都没吃没喝。如果拳手正在减重，而我却在吃喝，那我就没法激励或鼓舞他们了。

那一夜真是煎熬。床湿漉漉的，楼下还有人放着披头士乐队的老唱片。第二天早上，我的体重降到了将近11英石11磅，我又减掉了近1磅。现在我开始按盎司[①]计算体重了。我上了一次厕所，现在只比我给自己设定的体重多出6盎司，和纳兹同步，我也得减掉3磅。纳兹的体重只超出1磅多一点。于是，我又去了一次厕所。纳兹指责我偷喝了东西，他说我肯定偷偷喝了什么。我一直上厕所，体重也一直下降。纳兹不敢相信我这么长时间以来什么都没喝，但秤就是证据。他能看见盎司数在减少。他知道我没有作弊，我们俩正在一起经历这件事。但每次我上厕所，我都得再次站上秤，向他证明体重正在下降，我没有偷偷喝东西。我们俩就像警惕的鹰一样盯着对方。我带他出去散了散步，等到称重时，他的体重已经比标准轻了0.5磅。他从周一就断水断食了，已经36个小时粒米未进。称重后，我带他去了一家餐馆，但他连汤和意大利面都没吃完，饿得胃都缩了，但好在他感觉不错。那天我告诉他，他在我心中的形象更加高大了。纳兹上场时有个小习惯。他会像克里斯·尤班克一样跳过绳索，但他会抓着绳索翻个身，然后在赛场上翻三个筋斗。这孩子有点爱炫

---

① 1盎司≈28.3克。——译者注

耀，于是那天晚上，我告诉他，能不能只翻一个筋斗，然后就要直接进入状态。我告诉他，他要在精神和身体上都摧毁对手。顺便说一句，他的对手在那晚之前从未被打败过。纳兹在第一回合就把他打倒三次。第二回合就把他打趴下了。赛后我和他说，没有什么能阻止他成为世界冠军。

"谁还能阻止你前进？"我问。

"没人能。"他回答。

"没错，没人。"我说。

布伦丹·英格尔对待这些孩子们向来很有一套，他一定有。孩子们从约克郡各地赶来，到他在温科班克的拳击馆训练、实战，但不得不说，他们中大多数都来自附近的街区。那时，这间小小的拳击馆已经培养出四名英国或欧洲冠军，以及差点成为世界冠军的赫罗尔·格雷厄姆。随后，约翰尼·尼尔森（Johnny Nelson）一路过关斩将（是否"一路过关斩将"这取决于你听信谁的说法，因为大多数拳击迷似乎都觉得他最近获得的冠军头衔有点名不副实），在墨尔本从戴夫·罗素（Dave Russell）手中夺得 WBF 世界次重量级冠军。这个冠军头衔并未得到英国拳击管理委员会（British Boxing Board of Control）的认可。他们都在说这是爱尔兰式的奉承。"是被奉承才做到这一切的吗？"我难以置信地问。

马修 12 岁，长着一张圆圆的脸，表情开朗。布伦丹坐在拳击台旁的木制台阶上招呼马修：

"你来拳击馆多久了？"

"三年了。"马修回答。

"告诉杰弗里，你来拳击馆之前是什么样子。"

"太可怕了，我没有朋友，在学校一直被人欺负。"

"告诉他，你现在怎么样。"布伦丹说。

"棒极了。我有了很多朋友，现在没人欺负我了。"

布伦丹把自己的手臂捏得更紧了：

这小子打不了架，永远都不会打架。我会教他一些在拳击台上的躲闪技巧，教他如何搅乱对手，让对手看起来糟糕透顶，也会帮他建立自信。我告诉他，如果有人在街上欺负他，就说"滚开"，然后跑掉，同时我也在教他生活和社交技能。我的工作就是尽可能保证这些孩子无论是在拳击台上还是台下都能安全地度过一生。

这周围危机四伏，我是第一个把黑人带到这个地区、带到我拳击馆的人。于是，英国民族阵线组织在我家四周贴满了海报，还在拳击馆外的车库墙上涂鸦他们的名字。直到今天，你还能看到那些涂鸦，但他们早就离开了，而我活了下来，这就是全部。我认识一个在英国民族阵线组织里地位很高的人，结果他娶了一个黑人女孩。所以，说到底，这全都是瞎扯。

我们前面的拳击台上站着五名拳击手：两位是黑人，一位是体格健壮的新手，另一位是约翰尼·尼尔森；还有两个年龄大概不超过 10 岁的白人小男孩；第五个是一个看起来神情严肃的亚洲青年，他身穿黑色马球衫和黑色运动裤，紧紧盯着对手，然后打出一连串看似毫无威力的组合拳。他们交替与对方比试，但每次都有一个人轮空，先是约翰尼·尼尔森和那个肌肉发达的黑人新手打，然后是约翰尼和其中一个男孩打。"在拳击台上只能击打躯干，我可不会容忍这种实战训练中有任何拳击手故意击打对手头部，"布伦丹喊道，"时间到！"五名拳击手都绕着拳击台逆时针方向缓缓走动。"在我的拳击馆里，职业拳击手会和新手一起训练，他们都能从彼此身上学到一些东西。轰炸机格雷厄姆过去常常站在这个拳击台的中央，小伙子们会试着朝他打一拳。但他们从来都打不中。换人！"拳击手们轻轻地碰了碰拳击手套，就像是在跳某种乡村舞蹈，然后换了个搭档重新开始。

一名 16 岁的男孩站在拳击台边，正在绑手上的绷带。布伦丹把他叫了过来：

> 瑞恩，你第一次来拳击馆时多大？
>
> 六岁。
>
> 我当时对你说了什么？
>
> 你会说脏话吗？
>
> 于是，我让他把他知道的所有脏话都告诉我，诸如"该死的""混蛋""讨厌鬼"等。我对他说："从现在开始，你在拳击馆里不准说脏话，要听话。"这让他大吃一惊。然后我问他："在你们那儿，人们是怎么看待爱尔兰人的？"他说："他们都是些愚蠢的混蛋。"但这个愚蠢的混蛋却说，这小子三年内会在奥运会上夺得金牌。当英国人对我大喊"滚开，愚蠢的爱尔兰米克"时，我只会提醒他们，在爱尔兰人到来之前，他们还在泥地里打滚儿呢。

他从夹克的口袋里掏出一本书给我看。书里夹着几页 19 世纪关于爱尔兰问题的政治漫画：

这些漫画展示了英国人对爱尔兰人的看法。爱尔兰人总是被描绘成一只小猴子。这里有个爱尔兰版的盖伊·福克斯（Guy Fawkes），一只戴着帽子、相貌丑陋的小猴子，坐在一桶火药上，正准备点燃它，这猴儿真蠢啊。但爱尔兰人比英国人狡猾多了。我曾培养过一位英国超中量级冠军，当他刚开始训练时，我叫他"重拳奥图尔"（Slugger O'Toole）。爱尔兰人都是狂热的拳击迷，所以我想他们肯定会蜂拥而至，来看一位名叫奥图尔的爱尔兰拳击手。"重拳"会穿着绿色服装走进赛场，直到他脱下浴袍，观众才会发现他其实是黑人。于是，他们都会大喊："他不是爱尔兰人！"而我会说："你们怎么了？你们以前没见过爱尔兰黑人吗？"然后，当他们问我他的真名时，我会如实回答："菲德尔·卡斯特罗·史密斯（Fidel Castro Smith）。"反正他们也不会相信我。

布伦丹把瑞恩拉到自己身边：

谁是唯一能够打败你的人？
我自己。
谁对你负责？
我自己。
没错。

这是他们排练过多次的套路。瑞恩知道什么时候该参与进来，也知道所有标准不变的回答，就像教堂仪式中的连祷文：

有些人认为，做拳击教练和经纪人很容易。你只需要拿走25%的提成，剩下的事都由拳手去做，但事实并非如此。我从这些孩子还小的时候就开始培养他们，我必须对他们进行训练，必须建立他们的自信心，必须教他们如何生活，替换掉他们从别处学来的所有陋习。他们来到这里时，浑身上下都是这些陋习。

他把一个叫马特男孩叫了过来，这个男孩留着稀疏小胡子，穿着灰色短裤，看起来有些害羞，他的女朋友一下午都坐在拳击馆的角落里咬指甲。

马特，你原来是哪个学校的？

阿伯索恩（Arbourthorne）。

那是什么类型的学校？

特殊学校。

你为什么会上这所学校？

因为我是个愚蠢的混蛋。

那你现在呢？

聪明的混蛋。

马特几乎在问题还没问完时就立刻对答如流。布伦丹把马特拉近，直到两人的脸几乎贴在一起：

你刚来这儿时不喜欢谁？

巴基斯坦人。

巴基斯坦人和黑人吗？

不，只是巴基斯坦人。我一直认为黑人都不错。

那你现在不喜欢谁？

没谁。

布伦丹接着说：

这小子刚来这儿时一无所有，现在他成了我们团队的一员。团队里有很多巴基斯坦人，他和冠军们一起训练。几分钟后，他就要和约翰尼·纳尔逊进行实战训练了。我能理解这些孩子，我小时候也有你们现在所说的"学习障碍"。在爱尔兰，我只是个"愚蠢的混蛋"，我在拼写、阅读和其他方面都表现得很吃力，拉丁语和盖尔语也让我头疼。我现在还能用盖尔语来两句，比如："你叫什么名字""我叫布伦丹·英格尔""你住在哪里""都柏林市""你有钱吗""没钱"。我能背诵所有学过的拉丁诗句，但我不知道它们是什么意思，这些诗句是被硬灌进我脑子里的。我还记得，因为太笨曾被一名修女用她的皮带狠狠地抽打过，但这给我好好上了一课：你不能通过精神或身体上的虐待来改变人们的态度，改变人们的唯一方法是与他们进行对话。只有对话。

他朝马特喊道："唯一能打败你的人是谁？""我自己。"马特在拥挤的拳击馆里答道。"我的孩子们带着他们所有的问题来找我，而我总是对他们说，'如果你没有杀过人，那你就没有真正的问题，其他的一切我都能解决'。"

他转向拳击台上的拳击手："现在，小伙子们，在你们走下拳击台之前，我想看到你们一个一个地跳过绳子。"约翰尼·纳尔逊非常潇洒地跳了过去，其他人费了九牛二虎之力也跳过去了。"如果他们做不到，我会让他们跳过第二根绳子，"布伦丹说，"我这样做是为了培养他们在生活各方面的自信心。练拳击不仅仅练如何出拳和如何躲闪，还要建立自信和学会生存。"他朝正在和约翰尼·纳尔逊对练的马特喊道："马特，如果大街上有个下流胚朝你走来，你会怎么说？""我冲他大喊'滚开'。"马特答道"然后你怎么做？""夺命而逃。"

"我正在教他们如何在拳击场内外生存，"布伦丹说，"这对米克来说，这并不算太糟糕。"

布伦丹·英格尔曾自称"儿童学教授"，这不单单是为了让我更好理解而说给我听的，他确实也是一位冠军缔造者。1995 年 9 月 30 日，在卡迪夫军火公园，纳兹从史蒂夫·罗宾逊手中夺得世界冠军头衔。据布伦丹的儿子、纳兹的教练约翰·英格尔说，纳兹在称重时就已赢得了比赛：

> 这就像穆罕默德·阿里预言他将在五回合内击败对手"大熊"索尼·利斯顿（Sonny Liston）一样。除了阿里提到的那个人，其他人都觉得这预言相当好笑。纳兹在称重时找到了史蒂夫·罗宾逊，直视着罗宾逊的脸说："史蒂夫，你会被打败的。"他的语气并不恶劣，只是实事求是，冷漠的眼神相当吓人。当纳兹说这番话时，我能感觉到史蒂夫·罗宾逊内心在崩溃。我对约翰尼·纳尔逊说："你看，他已经输了。"

纳兹当时 21 岁，是世界冠军。布伦丹·英格尔在圣托马斯男孩俱乐部（St Thomas' Boys Club）的破旧拳击馆里训练了他 14 年。不可否认，纳兹有着非凡的天赋，但除此之外，他们之间还有着特殊的纽带，就像父子一样，这些年"儿童学教授"进行的强化拳击训练和心理训练消除了纳兹的怀疑。他用多年经验塑造的直觉技能来塑造冠军的身体和心灵。我目睹了布伦丹规划这一切的过程，通往世界冠军的道路，让纳兹练习走上拳击台，以及那标志性的、傲慢的翻越绳索动作。翻越绳索是布伦丹让所有拳击手在拳击台上练习的常规动作之一（即使那些永远不会参加职业比赛的人也要练），也是他信心建立练习的一部分。事实证明，效果很好。在我待在那个尘土飞扬的拳击馆里的那几年里，我亲眼见证了它的效果。所有的男孩都知道，拳击手走上拳击台的那一刻是一个关键的心理时刻。

我总会回想起大卫·雷姆尼克（David Remnick）在他那本经典著作《世界拳王》（*King of the World*）中描述的弗洛伊德·帕特森（Floyd Patterson）1962 年走上拳击台，捍卫他世界重量级冠军头衔，而挑战者索尼·利斯顿在一旁等待的场景：

> 他弯下腰，穿过绳索进入拳击台，看上去鬼鬼祟祟，紧张不安，不断地环顾四周，就像一个知道自己终于要被逮捕的小偷在夜里爬进窗户一样。他的状态糟糕极了，在拳击台上四处张望。很少有拳击手脸上露出如此明显的恐惧。

预料之中，利斯顿赢了，弗洛伊德·帕特森在第一回合就被打败了。

布伦丹一直都知道，拳击手进入拳击台的方式会泄露其内心的情绪状态，而翻越绳索是众多方法中最好的掩饰。拳击手可能内心焦虑不安，而他的对手却永远不会察觉。只要你做得对，布伦丹就会确保万无一失。这需要专注和数小时的练习才能完成。在圣托马斯，练习进入拳击台就像实战一样，成为一项常规训练。重要的是，翻越绳索可能至关重要，因为它能让拳击手不去关注内心的波动，使拳击手能够处理内心的怀疑，注意力会集中在除了内心忧虑之外的其他事情上。

我记得有一天下午在拳击馆里，看着纳兹被教授一种新的、更引人注目的翻筋斗动作。"把胳膊伸直，"布伦丹说，"再加点弹跳力。"布伦丹当时突发奇想，认为这位阿拉伯王子应该乘着飞毯入场，这是由在南约克郡享有盛誉的保罗·艾尔地毯公司（Paul Eyre's carpets）赞助的，就像是阿里巴巴来到了拳击界一样。这一切都被画在一张小纸片上，纸片就放在拳击台边尘土飞扬的台阶上。在这幅画中，纳兹盘腿坐在保罗·艾尔的地毯上。纳兹指着画问："我的粉丝在哪儿，布伦丹？"

"哦，他们在那儿呢，"布伦丹说着用粗铅笔在纸片的底部涂了一片黑，"有成百上千的粉丝正等着'王子'的到来呢。"

"再给我们多画几个吧，布伦丹。"纳兹说。

布伦丹又在纸上多涂了几片黑："这够了吗？还是你想要更多，你这个贪婪的家伙。"他们俩都笑了。

"我怎么从这毯子上下来呢？"纳兹紧张地问。

"到时候我们再考虑这个问题。"布伦丹说。他把纸片折起来放进口袋，然后留下纳兹和我继续聊天。

纳兹自始至终都知道这个入场动作的重要性。他对我说："嗯，如果有人对我这么做，我会想，'嗯，这是个自信的人，希望他有真本事'。"

但实际上，真正吸引我的是布伦丹对所有小伙子们使用的口头套路。我们之前听到过他跟马特的对话，"你现在是什么？"……"你现在是什么？"……一遍又一遍，马特的回答变成了对话惯例，直到成为他的自动反应。其他男孩（包括纳兹在内）都被要求围过来听马特的回答，然后轮到团队中另一个成员，接着是纳兹。在这个天花板很高、充斥着汗水和睾酮刺鼻气味的拳击馆里，拳击手套拍打着结实的身体，木地板在快速移动的脚下吱吱作响，男孩们站得笔直，宣读着关于自己的祷词、关于他们的信念和抱负的祷词，如"我是个聪明的家伙""我不会让任何人欺负我""我将成为世界冠军"，而其他人则恭敬地沉默着。

布伦丹·英格尔来自都柏林的贫民窟，虽没有受过正规教育，但深受罗马天主教的影响，他明白语言的力量、团队的力量以及团队影响力的本质。他还明白，让这些小伙子们说出这些话的力量——这些话其实并不是他们对自己的真实看法（"聪明的""没有偏见的""聪明到足以在街头生存"），也不是对他们即将到来的对手的真实看法（"跟我比不值一提""一个小丑""一个无名小卒"），更不是对他们命运的真实看法（"未来的世界冠军""新的纳兹""拥有一切的百万富翁"），但他们需要一遍又一遍地复述这些话，直到有一天他们可能真的会相信这些话。马特当时真的相信自己"是个聪明的家伙"吗？当然不是。但是，我看着他在朋友和训练伙伴面前说了这么多次，以至于我有时怀疑他是否已经开始相信自己至少是个"聪明的家伙"了，而不再是那个迷失方向、独自一人来到拳击馆的"笨蛋"，但这还远远不够。

布伦丹是从哪里学到这些的呢？也许，部分原因是他从小接受的天主教教育。每次忏悔开始时都会说"神父，对不起，我有罪"，即使你想不出自己犯了什么罪，也会说自己有罪，因为忏悔时需要这么说。但如果你出于自愿（谁又能强迫你呢）多次这么说，那你就一定是有罪的。你会开始相信这一点，于是你开始寻找那些不那么明显的罪、内心的罪、不作为的罪、思想不纯的罪。布伦丹的天主教背景无疑融入了他这些口头禅的语气和自发性。当然，这也部分归功于"路易斯维尔之唇"[①]卡修斯·克莱[②]（Cassius Clay）。自从1964年他乘坐印有"卡修斯·克莱企业"之"世界上最炫酷的拳击手"和"桑尼·利斯顿将在第八回合倒下"口号的大巴去"猎熊"（他把第一轮就击败了弗洛伊德·帕特森的对手桑尼·利斯顿称为"丑陋的大熊"）以来，他就一直这么干。1964年，他在美国哥伦比亚广播公司的节目《我有一个秘密》（*I've Got a Secret*）上朗诵了自己写的关于这场比赛的诗：

> 克莱出场迎战利斯顿，
> 利斯顿开始往后退，
> 如果利斯顿一再往后退，
> 他只能坐在擂台边了。
> 克莱一记左拳，
> 克莱又一记右拳，
> 看，年轻的卡修斯完胜了比赛。

他预测了比赛将持续多久。正如诺曼·梅勒（Norman Mailer）在比赛前评论的那样，如果克莱赢得了重量级冠军头衔，那么"每个街角的吹牛大王都可以趾高气昂，并被人相信"，吹牛不再是打不好比赛的标志。克莱明白语言的力量，在这种情况下，他在桑尼·利斯顿面前装疯卖傻。他说："利斯顿认为我是个疯子。他谁都不怕，但他怕疯子。"克莱的意思是说，利斯顿怕我。克莱后来承认，在他的职业生涯中，他只真正害怕过一

---

① 拳王阿里出生在美国肯塔基州路易斯维尔，因爱打嘴炮，从而赢得"路易斯维尔之唇"的绰号。——译者注

② 拳王阿里皈依伊斯兰教前的姓名。——译者注

次，那就是和利斯顿的那场首战。"那是我唯一一次在赛场上感到害怕。桑尼·利斯顿，第一次，第一轮，他说要杀了我。"卡修斯·克莱找到了处理怀疑和恐惧的方法。弗洛伊德·帕特森则自由地谈论他的恐惧，甚至可能比这项运动历史上任何其他拳击手都更自由地谈论恐惧，但也许他并没有找到应对的方法。帕特森清楚地表达了这种恐惧：

> 一名职业拳击手如果被击倒或在比赛中严重落于下风，这种痛苦将永生难忘。他在耀眼的聚光灯下、在成千上万的观众面前被痛揍，人们咒骂他，向他吐口水……输掉比赛的拳手失去的不仅仅是尊严和比赛，他还失去了自己未来的一部分。他离自己出身的贫民窟又近了一步。

当卡修斯·克莱改名穆罕默德·阿里之后，他无数次向世界和自己宣告："我是最伟大的！"以至于我们和他自己都深信不疑。他那耀眼的魅力在很大程度上源于自信。他看起来坚不可摧，而且多年来也确实如此。这就是语言的力量——通过管理怀疑、塑造个体的信仰结构，从而改变历史。24岁的英格尔的拳击战绩是17胜4负，他并未将这些技巧用在自己身上，但他可以训练他人使用它们。七岁的纳西姆·哈米德坐在拳击馆的角落里，向所有愿意倾听的人宣称自己将来会成为世界冠军，直到每个人都听烦了为止。后来，在世界冠军争夺战的准备阶段，布伦丹会说："他是自切片面包问世以来最伟大的。人们曾称穆罕默德·阿里为'最伟大的'。等着瞧吧，看看纳兹接下来几个月会做些什么。"小报称他为"话痨"，他们说只有邦德电影中的大反派才有这种野心和称霸世界的计划。有人称纳西姆自信，但大多数人认为他傲慢。他用炫耀的方式贬低对手，当面告诉对手，他们没有机会获胜。

几年后，纳西姆成了世界冠军，我在伦敦一家豪华酒店对他进行了采访。这里无论在金钱还是社会地位方面，都与霉味十足的温科班克拳击馆相去甚远。他变了，但见到我似乎很高兴。我一上来就问他在比赛前是否害怕过，他的表情说明了一切：

> 不会，我从未在比赛前害怕过，你应该看看我在更衣室里的样子。恰恰相反，我把所有人，包括我在拳馆的所有随从都叫进来。更衣室里挤满了人，我会放些嘻哈、说唱音乐，这随心情而定。我们在那里开怀大笑，我说的是真正的大笑，笑得前仰后合的那种，不断地讲着笑话。这发生在比赛前五分钟。只要我绑好绷带、涂好油膏，我就会感到高兴并准备好上场。只要他们一说"摄像准备好了，该你上场了"，我就会变成另一个人。我准备好出场，准备好大干一场。我脑子里只想着一件事，那就是立刻出战，以你见过的那种风格跃上拳击台，然后彻底击败对手，以我的风格彻底摧毁他。以我的风格！

然后，我问他最后一次感到害怕是什么时候。我们必须记住，这个男孩从七岁起就经常去那家拳击馆，在同伴拳击手（以及碰巧路过的记者、政客或名人）面前用儿歌克服公开演讲的恐惧，练习翻筋斗跃上拳击台，练习控制自己的思想、情绪和行为。他的回答再清楚不过了："我可以说，恐惧真的从未困扰过我。"

那么"怀疑"呢？他是否怀疑过自己可能会在卡迪夫输给史蒂夫·罗宾逊，从而失去世界冠军头衔？"不，我从未有过任何怀疑。从第一天起，我就知道我会以完美的风格出战。我知道他是来被我打败的。"

这是一个通过特定方式培养起来的人，他消除了怀疑和恐惧。我在那家拳击馆度过的那些年让我深刻体会到了训练的强度。当然，和其他人一样，我也一直好奇，如果纳西姆输了比赛会怎么样？许多拳击迷都热切期待着这一幕。2001 年 4 月的一天，这一幕终于在美国内华达州拉斯维加斯米高梅大酒店花园竞技场（MGM Grand Garden Arena）上演了，他的对手是马科·安东尼奥·巴雷拉（Marco Antonio Barrera）。纳西姆几乎垄断了 WBO 世界次轻量级冠军头衔近五年，这为他带来了保底 600 万美元的出场费。排名靠后的巴雷拉最后以点数一致判定获胜。随后，我前往位于谢菲尔德的阿比代尔路，对纳西姆进行了专访，那里是他私人的"拳击宫殿"。早在纳西姆被巴雷拉击败的好几年之前，布伦丹和纳西姆就已经分道扬镳了。拳击馆的墙上挂满了纳西姆的相框照片，还有好几条装裱在相框里的短裤，包括他赢得世界冠军之夜穿的那条前面印有"王子"字样的豹纹短裤。我向他指出，相框短裤下方的日期写错了，写的是 1985 年 9 月 30 日，而不是 1995 年。"我们从来没注意到。"纳西姆说。另一面墙上挂着一个带有纳西姆肖像的垫子套。我站在那里，看着大理石房间中央的拳击台，然后看着这个从各个角度展示王子的巨大、光亮的展厅。他的弟弟里亚斯轻轻碰了我一下："你可以看到他的自负都体现在这些照片上了。"纳西姆插话道："我还能挂什么？我只是想让拳击馆更温馨一些。"用"温馨"这个奇怪的词来形容挂满自己照片的拳击馆真是有些奇怪。

那么，即使有了这些心理训练，当你从高处重重地摔到地面上会发生什么呢？我直接问道："谈谈你输给巴雷拉的事吧，那感觉如何？"我注意到他稍微离我远了一些：

> 在最后一回合的铃声响起之前，我就知道我已经输了……我

> 不想找借口，但确实发生了很多意外。那天晚上，所有不该发生
> 的都发生了。我的绷带、我的拳套……我是说，直到比赛前10分
> 钟我才选好拳套……我浑身发冷。

心理学家通常喜欢谈论归因风格，尤其是在成功或失败的事件中，这正是其有趣之处。纳西姆不习惯面对失败，只习惯面对成功，而且他总是将成功归因于自己。在他心目中，他不仅在某一件事上成功（尽管事实并非如此），纳西姆认为自己无论做什么都能做得出色，无论是拳击台内外、商业交易，还是开着豪车在谢菲尔德兜风（后来他在一场车祸中受了重伤，还因此被判入狱）。他总以为事情会一直这样顺利下去，而当失败真的来临时，他的归因方式却截然相反——将失败归咎于外部因素（如绷带、拳套、浑身发冷等），并且认为这只是个别事件、是暂时的。他多年来一直如此。

纳西姆作为业余拳击手输过几场比赛，但这些失败并没有像通常那样打击他的信心。他从未有过任何怀疑。1998年，当我问及他在业余拳击生涯中的失败时，他告诉我：

> 作为业余选手，我输过五六次，但可以肯定地说，每次输了
> 比赛我走出拳击台时，都从未觉得自己是个失败者。我心里一直
> 很清楚，我其实赢了。我之所以会输，仅仅是因为裁判不喜欢我
> 的风格，所以他们判我输……在业余拳击生涯中，我从未真正输
> 过一场比赛。

尽管他说自己不想找借口，但他还是找了。他将失败归咎于设备、裁判和赛前的仓促准备，而这些借口反映了他看待世界和自身位置的一种归

因模式。多年来，布伦丹一直在训练纳西姆这样思考问题。你可以通过阻断思维和掩饰对情绪和情境的深入理解来消除怀疑，但这可能会付出代价。傲慢总是基于某种自私的归因基础产生的，但同样有趣的是，纳西姆对失败似乎没有强烈的负面情绪，也不觉得羞耻。也许，如果你将失败归因于外部因素，那么当情绪反应最终来临时，其强度就不会那么强烈了。

但是，也许还有其他因素在起作用。人们期望失败者在失败后表现出一定的情绪，感到沮丧、尴尬或羞耻，这是他们所期望的。纳西姆却将这种期望变成了一场新的比赛，一场他仍然可以赢的比赛。以下是纳西姆在谈论他 11 岁时第四次比赛的失败时所说的话：

> 我的对手从来没有真正赢过我，只是裁判故意跟我过不去。我心里清楚，是我赢了。当他们看到一个像我这样输掉比赛却满脸笑容的家伙时，他们会觉得很滑稽。"他输了怎么还笑得出来？我们怎么才能让这家伙泄气呢？"他们心里就是这么想的。我看着他们，知道他们在想什么，于是我就冲他们笑。回到更衣室后，我仍然面带微笑，因为我知道我赢了。这并没有真正影响到我，但不公正的裁判和决定确实让许多孩子灰心丧气，许多孩子因此退役，因为他们的胜利被剥夺了。

年仅 11 岁时，纳西姆就已经穿上了"华丽的战袍"，"金色的、闪闪发光的、有着巨大肩垫的"战袍，他一走进拳击台，就开始模仿阿里的摇摆步伐。那时，他已经接受了布伦丹四年的训练，他的风格已经根深蒂固。

在所有关于失败恐惧的研究文献中，情绪在指导我们认知方面的重要性均不言而喻，但情绪与认知的作用是相互的，我们的思维会影响我们情绪反应的强度。布伦丹通过教导纳西姆将一切成功归因于自己，将其他一切归咎于外部因素，塑造了他的情绪世界。纳西姆是最热心的学生之一。在我对他的采访中，他提到了布伦丹对他进行的"洗脑"。他说："他以前每个星期天都会带我去散步，用那些洗脑的技巧。他非常厉害。"但接着他又补充说：

> 我实话实说。我从拳击馆学到了很多东西，也从布伦丹那里学到了很多，这是我人生中非常棒的一步，也是我人生中一次非常棒的旅程，我永远不会忘记。这是一次宝贵的经历。

布伦丹和纳西姆之间的父子关系在 20 世纪 90 年代末破裂，之后两人再也没有说过话。破裂的原因似乎总是和钱有关，这在拳击界很常见。但据作家尼克·皮特（Nick Pitt）于 1998 年的说法，还有其他原因，即纳西姆一次又一次地戏弄布伦丹，终于引发了争执。据报道，纳西姆曾嘲笑布伦丹说："你赢过什么，布伦丹？什么都没有。你连地区冠军都没拿过。"布伦丹显然对此做出了反应，然后纳西姆给了他致命一击：

> 你知道你的问题出在哪里吗，布伦丹？你从来不敢站出来反抗任何人。你这一辈子从没反抗过任何人。你总是被人欺负，比如米奇·达夫（Mickey Duff），一位拳击运动的推广者羞辱你时，你只是站在那里忍着。

根据皮特的说法，布伦丹对纳西姆说的话耿耿于怀，就好像纳西姆玷污了他的一生一样。这些话之所以如此扎心，是因为其中有一些真实成分：

> 但布伦丹没有站出来反抗的那个人并不是米奇·达夫，也不是这些年来给他带来麻烦的其他任何人。而是纳西姆，布伦丹允许自己被这个他一手打造的恶霸欺负。

纳西姆称布伦丹为"犹大"，因为他与皮特讨论了他们的财务和其他问题。即便作为一名虔诚的穆斯林，纳西姆也应该知道这会对罗马天主教徒英格尔造成多么大的伤害。2015 年，当纳西姆入选纽约卡纳斯托塔的国际拳击名人堂（the International Boxing Hall of Fame）时，他希望与布伦丹和解。纳西姆在 2015 年 6 月 16 日星期二的《星报》（*The Star*）上撰文说："英格尔也应该和他一起进入名人堂，他培养出了那么多世界冠军。我和布伦丹共度的时光非常棒，是无价的。"但最终他们没有达成和解，布伦丹于 2018 年 5 月去世，纳西姆没有参加葬礼。他从未怀疑过自己不参加葬礼的决定是否正确，也许是他多年训练形成的傲慢和思维方式阻止了他对任何事情产生怀疑。但这无疑也让他付出了巨大的个人和心理代价。

总结

- 怀疑与自我怀疑是所有以失败恐惧为核心的运动中的关键环节。

- 在拳击运动中，怀疑可能尤为强烈。

- 在拳击赛场上，你可能会失去自我价值、失去生计、失去朋友、失去生活习惯、失去网络的支持以及失去自尊。

- 你甚至可能会失去生命。

- 在各类运动中，对失败最为恐惧的运动员往往表现出更高的焦虑水平。

- 对于非常害怕失败的人来说，成就事件充满威胁，以评判为导向的经历，会把一个人的整个自我置于危险之中。

- 那些对失败产生高度恐惧的人通常会设定特定的回避型目标，并采用"自我封闭策略"，这对个体的表现和心理健康都会产生负面的影响。

- 这就是这位拳击教练所面临的挑战，他必须在那个瘦弱的孩子登上拳击台之前就阻止他输掉比赛。

- 有证据表明，对失败的恐惧会代代相传。

- 对失败的恐惧会影响父母如何看待失败以及如何看待他们自己的失败经历，因此也会影响他们如何应对孩子的失败。

- 父母在自己的生活中会自我设限，并将这种行为传递给子女。

- 与其在尝试后发现失败并承受失败所带来的所有羞耻和尴尬，不如不去尝试。

- 这就是一些人内心的想法，也是恐惧传递的机制。

- 这位在谢菲尔德某个最不起眼的地方开拳击馆的教练必须打破这种传递链。

- 家庭会将他们对失败的恐惧传递给孩子，在谢菲尔德的温科班克地区到处都是不再愿意尝试的家庭，而布伦丹·英格尔必须改变这一现象。

- 我简要介绍了他是如何培养出一名拳坛世界冠军的，并在这一过程中是如何消除他所有怀疑的。

- 我还将详细阐述消除怀疑带来的后果。

来自制造业的疑问

烟草、心理操纵与健康危机

　　在我成长的过程中，始终有香烟的陪伴，20 世纪六七十年代，吸烟似乎就是生活的一部分，我周围到处都是烟味，使得我穿的衣服上满是这股味道。我的父母都爱抽烟，每到周六晚上，我家前屋里就烟雾缭绕，仿佛笼罩着一层低云。我父亲会跑到巴吉尼斯街尾的帕迪酒吧（Paddy's Bar），而我母亲、阿格尼斯姨妈以及她们几个闺蜜则坐在前屋，一边品着雪利酒、波特酒和伏特加，一边悠闲地抽着烟。那时候，公众酒吧（廉价酒吧）是男人的天下，所以周六晚上，女人们大多都会待在家里观看音量调得很低的电视机里播放的电视剧《77 号日落大道》（77 Sunset Strip）。她们手里一边拿着酒杯小酌，一边吞云吐雾，欣赏着剧中所展现的迷人的洛杉矶梦幻生活，沉浸在剧中所讲述的一对风流倜傥的私家侦探斯图·贝利（Stu Bailey）和杰夫·斯宾塞（Jef Spencer）的故事里。

　　而我会坐在楼梯顶等着父亲回家，因为我需要到后院上厕所。一旦我提出这个需求，无疑会破坏母亲她们那种梦幻的感觉。"我得去后院。"我会不断地重复这一诉求，直到母亲受不了我最终让步。"你去吧，但完事后你得回床上睡觉去。"

　　此时如果你走下楼梯，就会感觉到自己正坠入烟海，那缭绕的烟云甚至有清晰可见的形状，你可以用手指把它的边界勾勒出来，犹如走进了一团辛辣的气体中。当我走过前屋时，酒杯会被她们藏到沙发后面，香烟也会被藏起来。她们会把烟雾从我身边扇走，好像有些羞愧似的。"如果你不喜欢这味道就别吸气，"母亲会说，"如果你觉得烟味很难闻，就憋一会儿。"

在我为数不多的几张父亲的照片中，有一张是他嘴里叼着烟，蹲在我们家前门喂街上的鸽子。和这条街上的大多数人相比，他的烟瘾并不算很大。我母亲喜欢影片《卡萨布兰卡》（*Casablanca*）里的演员亨弗莱·鲍嘉（Humphrey Bogart），喜欢鲍嘉叼着烟说话的样子。她经常以亲昵的口吻叫他"小亨"，叫的时候充满了少女般梦幻的眼神。我猜她也喜欢我父亲嘴里叼着烟的样子，我父亲似乎并不在意。有时我觉得，父亲只是想在母亲面前显得酷一点、成熟一点。我 13 岁那年，父亲突然离世，享年 51 岁。这突如其来的打击让我感到茫然失措，既绝望又愤怒，但那是一种对死亡深渊难以言说的愤怒。我姨夫特伦斯曾说过，他从未见过哪个男孩和父亲如此亲近，但自从他去世后，我就把他埋在心底，再也不提他了。的确，我没办法提起他，因为这对我来说太痛苦了。但有一天晚上，我鼓起勇气对我母亲说，也许父亲不应该抽烟，也许，只是也许，他应该多锻炼锻炼身体。然而，我母亲却悲痛欲绝无法自拔，根本听不进我说的。她一边哭一边对我说：

> 你根本不知道自己在说什么。你父亲小时候得过风湿热，心脏还不好、有杂音。你父亲去世那年，你开始每天强迫自己跑步锻炼，其实这比你偶尔抽根烟放松一下造成的伤害更大。你以为出那么多汗对你有好处吗？出汗会让你得风湿热的。

在我们这个地方，抽烟就像呼吸一样"自然"，它已成为人们生活中自带的节奏和模式。当被解雇时，你会来上一根；在造船厂或磨坊辛苦劳作了一天后，乘坐双层公交车回家的路上（但仅限二层露天的车厢），你会来上一根；忙碌或闲暇时，你会来上一根。递烟这一习惯突然在朋友之间流行起来，烟已成为一种社交媒介。在各家各户，沙发旁都会放一个烟灰缸，厨房以及卧室的窗边也会放一个，烟灰缸必须触手可得，而且房间也会围绕方便抽烟来布置。在我朋友家里，有那种像酒瓶瓶壁一样厚的玻璃烟灰缸，烟灰缸的外壁因烟熏而泛黄，这类烟灰缸很可能是晚上从酒吧里顺出来的（酒吧可不缺烟灰缸）。有些烟灰缸从哪儿弄来的一看便知，有的烟灰缸颜色鲜艳，侧面印着粗体黑字的"健力士黑啤"或淡绿色的"竖琴"图案。不过，这些烟灰缸毫无档次，既无法显示出吸烟的优雅感，也无法彰显出我母亲和她闺蜜们所向往的《77号日落大道》中的魅力。她们都想成为"巨幅影视海报上的明星"——那是当时人们的诉求，或者至少成为"电影中男主人公的伴侣"。

20世纪60年代，我母亲曾在阿尔斯特塑料厂（Ulster Plastics）工作过一段时间，那时候她用过一种时髦的烟灰缸，它由镀铬材料和透明的红色塑料制成，可以把烟头从盖子处塞进下方的闷烧容器中。厚厚的红色硬化塑料散发出火山般的光芒，使燃烧的烟灰看起来更像是一座小火山，当你抽完了，将烟蒂推入其中，轻巧的镀铬盖子会啪的一声弹回原位，使香烟隔绝氧气熄灭。它既像一个器皿，又像一个玩具。那时候我会问母亲，是否可以让我帮她熄灭香烟（她会说"小心盖子会切到你的手指"），并希望自己长大后可以用这种方式熄灭香烟。

在街上或公交车上抽烟尽管很普遍，但住在我们家附近的女士大多会选择在家里吸烟，她们会把花哨的烟灰缸拿出来。阿尔斯特塑料厂当然不会放过这个商机，生产出了各种样式的烟灰缸，这也是她们小聚时最具仪式感的一部分。"艾琳，麻烦你把那个漂亮的烟灰缸递给我。我打赌它一定很贵吧。"

我身边的朋友都是从十一二岁刚上初中时开始抽烟的，那时候抽烟就是一种成人仪式，就像跑到莱根街（Legann Street）踢那些领养老金老人的家门（但只有找腿脚灵便的老人才算数），然后飞奔回我们的街道一样。或者从和谐山（Harmony Hill）那九英尺高的悬崖上跳下去，跳到小磨坊溪流一侧湿漉漉的地面上，既不会弄湿脚，也不会摔断腿。"你做过了吗？"他们会问，"你跳过和谐山吗？你抽过第一支烟了吗？"

我一直不喜欢吸烟，但我还记得，在我们街上一间潮湿的小屋里第一次吸烟的滋味。那晚，一个坐在小屋里看护新柏油马路的老夜巡员怂恿我抽了一口。达克、杰基和金戈挤坐在木凳上，借着煤油灯光，老夜巡员快燃尽的烟头在年轻人手中传递。"吸一口就不怕冷了，"老头说，"把烟吸进肺里，能让身子暖和起来。你会感到很惬意的。"潮湿的小烟头传到我这里，我试着吸了一口，结果烟的味道以及烟头上湿漉漉的唾沫都让我厌恶。他们都在笑话我，那个满口黄牙的老夜巡员也在一旁起哄。

我的朋友们年纪都太小，没钱买烟，只能向大一些的男孩要烟头抽，或偷拿父母放在厨房桌上已打开的烟盒里的烟。那晚，他们掐着一个即将被扔掉的、被尼古丁熏黄的小烟头，无论看起来还是抽起来都令人作呕，不管它有什么吸引人的地方，我都无法克服这种最本能的恶心感。

我母亲抽的是带过滤嘴的香烟。从某种意义上来说，这种烟更适合女性，因为你不需要把烟吸到根部，然后再小气得像男人一样捏着烟头，吸得双颊凹陷。她对吸烟的描述很特别："我准备抽上一小口。"她总是说"抽一小口"，就像她说"小酌一杯"一样。只要在前面加上"小"这个字，似乎就没那么有害健康了。不过，我非常不喜欢烟的味道，即使周六晚上屋子里都是她那些"抽一小口、小酌一杯"的朋友们，我也会用手小幅度、急促地把烟扇走。我母亲会因此揶揄我："我们的杰弗里又小题大做了。天哪，就这么一丁点儿烟又不会要了你的命。"但我确信烟会让我咳嗽，也会让我的胸感到不舒服，但如果不和她吵起来，我就很难有机会表达我的不满。"烟又不会对你造成什么伤害，"她总说，"否则人们就会像禁止其他有害东西一样禁止吸烟了。"

上小学时，午休时间我会被送到商店找阿格尼斯姨妈，她那时会从利戈尼尔亚麻加工厂出来休息。她在梳理间工作，那里的亚麻被梳理好拿去准备纺纱，空气中飞扬着亚麻上的灰尘。"你要是在梳理间工作，就有得抱怨了，"我母亲会说，"那里的灰尘才会让你咳嗽呢。"阿格尼斯姨妈是个老烟枪。每天中午我妈都会吩咐我，为我正在节食的姨夫特伦斯买上半磅牛排来烤，还有给我们家本该节食却没有节食的狗斯波特买一根骨头，然后去糖果店给我姨妈买 40 根 Woodbine 牌香烟（我妈会说"你到那儿的时候再多买一包，剩下的零钱就归你了"）。后来，姨妈开始收集香烟优惠券来换 Embassy 牌香烟。阿格尼斯姨妈说她一天抽 40 根烟，但实际可能是 60 根甚至更多，而且第三包烟总是在深夜神秘出现。我母亲会说："这种东西谁会专门去数呢？"我姨妈的咳嗽声非常大，还带有特别的咳痰的声音，她咳得直不起腰来，而且持续了很长时间，但这绝不是抽烟造成的，而是要怪工厂梳理间的工作环境。"梳理间的姑娘都是这样咳嗽的，"我母亲说，"灰尘都吸进她们肺里了。很多人说吸烟能清肺，尤其是抽薄荷烟。显然，它们对清理呼吸道有好处。"特伦斯姨夫几乎不抽烟，阿格尼斯姨妈必须瞒着他，不让他知道自己抽烟的凶猛程度。最后，姨妈的咳嗽实在太严重，严重到放弃清肺，自然也就不再抽薄荷味的烟了。

阿格尼斯姨妈是我母亲的妹妹，姨父特伦斯则是我父亲最好的朋友，但他们远不只是我的姨妈和姨父那么简单，他们更像是我的第二父母。他们住在贝尔法斯特市利戈尼尔村的北侧，而我们家则住在村南边。每周六晚上，我都会被允许去他们家，睡在他们俩中间，姨妈的咳嗽声常常把我吵醒。这么多年过去了，我一闭上眼就是她弯腰咳嗽的身影，耳边还响着她那熟悉的咳嗽声。

姨妈在亚麻厂梳理间的工作是厂里最脏的活儿之一，而我母亲则在较为干净的捻线间工作。姨父总说我母亲是个非常注重时尚的人，她的穿着和抽带过滤嘴的香烟就是最好的证明。她虽是在捻线间工作的女工，看起来却像个电影明星。我父亲总是跟我说："你妈是利戈尼尔村最漂亮的女孩。"多年后的我坐在这里，阅读着一些关于贝尔法斯特亚麻厂工作条件对工人健康状况影响的报告，报告中提到了安特里姆医院（Antrim Infrmary）圣乔治（St George）外科医生的专业意见：

> 研究发现，许多男性粗纺工和粗纱工以及女性梳理工都患有肺结核、支气管炎和哮喘，这是因为亚麻灰尘颗粒被吸入肺部，造成机械性刺激所致。

亚麻厂车间的高温潮湿环境导致了许多工人过早离世，但在梳理间，罪魁祸首却是灰尘。爱尔兰社会党领袖詹姆斯·康诺利（James Connolly）因参与复活节起义而被英国政府绑在椅子上处决，他在 1913 年为"贝尔法斯特亚麻奴隶"撰写了一份强有力的宣言，谴责了"贝尔法斯特所有劳动阶层女性的艰辛处境"。工人们之间流传着许多关于如何帮助这些受苦女性的传说，其中就包括通过喝威士忌来"清理血管"，以便能够呼吸顺畅。但在我看来，吸烟至少是最不可行的解决方法，尤其是在这个更加现代化的时代。

"你母亲很喜欢打扮，"我姨父常说，"她能穿得漂漂亮亮地去上班，而你姨妈就不行。"姨妈每天午饭吃的总是一成不变，香蕉、三明治外加一支烟。我父亲去世后不久，姨妈和姨父就搬到了巴斯市（Bath），就在之前所说的那场北爱尔兰冲突开始之前。我姨父曾在皇家海军补给站工作，后来提出调动工作，因为他是罗马天主教徒，觉得自己在晋升方面受到了歧视。每当学校放长假，我会去巴斯和他们过。那时我的姨妈已经53岁了，在巴斯那些闯入水泵房的外国学生、法国学童以及中产阶级贵妇中间，她显得格格不入。他们搬去巴斯的第一年，姨父上班期间，姨妈则在巴斯闲逛，主要是逛Woolworths平价超市和Littlewoods商店。她不太喜欢那些乔治时代的建筑，而且它们大多建在山顶。常年吸烟以及为换取那些可购买Woodbine牌和Embassy牌香烟优惠券不好好吃饭，使她连山都爬不动了。在吸入亚麻灰尘28年后，姨妈在姨父工作过的海军补给站找到了一份工作。"她简直不敢相信自己的新工作这么好，"姨父说，"你想什么时候上厕所就什么时候上，想抽烟就抽烟。如果你在工厂里这么做，早就被开除了。"

他们仅利用假期回过一次贝尔法斯特老家，我觉得对他们来说长时间远离家乡肯定非常痛苦，他们太想家了。但是，剩下的假期不多了。我姨妈的健康状况每况愈下，这两年她单次步行的距离不断缩短，吸气时胸部会发出非常响的哨声。梳理间的工作以及为换取Embassy牌香烟而省吃俭用，最终让她付出了沉重的代价。她因心脏骤停、呼吸衰竭和肺炎死在了巴斯，这次死神没有放过她。但在她临死时发生了一件奇怪的事情，她和我姨父长得越来越像了：他们都已两鬓斑白；岁月让姨父变得弯腰驼背、身形消瘦，吃再多的烤牛排也没有用；而久病让姨妈变得臃肿，身体充满了积液，腹部膨胀，她的双腿跟姨父一样干瘦，但躯干却异常庞大，去世时看上去就像一只麻雀。

葬礼结束后，我们去了酒吧，虽然姨妈是火葬，但姨父还是逢人便说："我今天刚把妻子埋了。"然而，吸烟从未被真正认为是造成姨妈英年早逝的罪魁祸首。即使在当时，我也总觉得有点奇怪。姨父和姨妈经常在吸烟问题上争吵，但争吵的内容从来不是健康问题，更多的是关于浪费金钱和意志力差的问题。"这不是浪费钱，"姨妈说，"你怎么不想想我攒的那些香烟优惠券呢？"有时，争吵的焦点是"谁能暂时戒烟，谁就是一家之主"，即关于人性弱点的争论。然而，这中间姨妈总有一种强大而坚决的防御机制，即"这是我活着的唯一乐趣啊"。这个理由被姨妈反复提及："他们说吸烟对身体并没有那么坏的影响，如果我现在戒了，可能真会要了我的命！"多年以后，这句话也成了我母亲的口头禅，最后她把烟都塞进裤袋，说："我发现，世界上没什么事比戒烟更痛苦了，真是前所未有。"

当然，以上只是一个普通家庭吸烟的故事。吸烟是我们生活的一部分，像这样的故事肯定数不胜数。但是在我们的日常生活中，这样一种有害的行为为什么会如此根深蒂固、如此被人接受、如此毫无争议呢？即使在当时，也不是没有科学依据。早在 1959 年，美国公共卫生局（the US Public Health Service）局长勒罗伊·E. 伯尼（Leroy E. Burney）博士就曾警告公众："目前有大量证据表明，吸烟是导致肺癌发病率上升的主要因素。"然而，公众对此几乎毫不上心。1963 年，哈珀·W. 博伊德（Harper W. Boyd）和悉尼·J. 利维（Sidney J. Levy）报告称，美国有 78% 的男性吸烟，女性吸烟的比例也在显著增加。他们还指出，自 1935 年以来，美国死于肺癌的人数增加了 600%，这与吸烟人数的增加同步。他们对公众显然没有意识到吸烟与肺癌之间的联系感到十分惊讶。事实上，美国癌症学会（the American Cancer Society）的报告显示，只有 16% 的美国公众认为这两者之间存在关联。博伊德和利维说：

> 这可能是选择性知觉在起作用。也就是说，由于吸烟背后的危害事实是完全令人不快的，并且影响到人们的基本生活习惯，所以大脑会拒绝接受这一信息，甚至是永远屏蔽它。1963 年，美国国内香烟销售额创下 5120 亿美元的纪录。
>
> 自 1935 年以来，吸烟人数仅在 1953 年和 1954 年这两个年份有所下降，而这恰好是发现吸烟与癌症有关联的第一组研究后、负面宣传铺天盖地的两年。然而，从 1954 年开始，吸烟人数又开始回升，部分原因是过滤嘴香烟的出现，现在过滤嘴香烟的销量占到 50% 以上。

在博伊德和利维看来，这一变化的原因并非在过滤嘴的"技术"层面，而是在心理层面。他们指出，这让吸烟者尤其是女性吸烟者将对吸烟的喜爱变得合理化，并获得了安全感。当我看到我的母亲和姨妈不愿吸不带过滤嘴的 Embassy 牌香烟时，我完全明白她们的心思。烟草公司在洞察女性吸烟者方面更为谨慎。

博伊德和利维想把问题的重点放在如何阻止年轻人吸第一口烟上。20 世纪 60 年代初，有各种研究证据表明，孩子们开始吸烟的年龄越来越小，且男孩开始吸烟的年龄甚至比女孩更小。博伊德和利维认为，必须透过现象看本质，即我们必须跳出"吸烟是一种根深蒂固的生物成瘾习惯"这一基本事实来思考。这些事实当然很关键，但也仅仅是吸烟的一小部分事实，他们认为我们需要更好地去理解吸烟者行为背后的心理。从这个观点出发，博伊德和利维把注意力转向了烟草业的权威欧内斯特·迪希特

（Ernest Dichter）博士。早在 20 世纪 40 年代，迪希特作为动机研究学会（the Institute for Motivational Research）的主席，就对吸烟的"强大心理力量"进行了开创性研究。然而，当初他的这一研究并不是为了阻止人们吸烟，而是让他们对吸烟更加上瘾。考虑到迪希特研究成果的有效性，博伊德和利维认为这可能是一个很好的切入点。他们问："既然这么多吸烟者都认为吸烟是有害健康、浪费金钱、滋生病菌和不道德的行为，那么这种习惯怎么会继续存在呢？当然，人们戒烟的态度如此消极，那么这里一定存在着强大的持续吸烟的动机，让人欲罢不能。"事实上，迪希特博士和其他心理学家不仅能做出评估，甚至还能利用深度技术操控这一强大的动机，探测人类的大脑，揭示其无意识的动机，然后以特定的方式引导人们的行为。

欧内斯特·迪希特是一名受过专业训练的精神分析师，他是 20 世纪 30 年代末从纳粹德国涌入美国的犹太难民中的一员。显然，他被这个国家的创业精神所吸引，并萌生了一个简单却对我们所有人生活产生深远影响的想法。精神分析学为我们提供了关于大脑运作的新见解，当时一个新兴的（如今已略显陈词滥调了）比喻是，人类的大脑就像一座冰山，大部分隐藏在水面之下。我们人类是理性动物，但并非时时刻刻总能保持理性，经常有很多潜意识的力量支配着我们的生活。那么，市场营销能利用这些潜意识的强大力量吗？迪希特决定将自己的注意力从使用精神分析疗法治疗神经症转移到将精神分析应用到市场营销上。他认为，这两者之间的相似之处远多于其不同之处。人们常说他们既不会受到复杂的神经支配，也不会被广告所操控。然而，人们嘴上说的大多可能与现实不符。精神分析和营销两大领域都需要为人脑建立清晰的思维模型，需要看穿表象，进入无意识治愈神经症，并通过操控潜意识来推销品牌。如果你想了解人们对产品的想法和感受，就不能直接问他们，精神分析师绝不会问"请告诉我你的神经症症状是什么"，因为这太荒唐了；相反，你需要使用更间接或能激起更强烈情绪的方法，用这种方法做营销，你需要站在精神分析师的视角，但要用营销行业的尺度来分析。

欧内斯特·迪希特的首个商业项目是牛奶营销，他建议在市场调研中采用更为间接的方法。例如，他采访消费者时从不直接问他们对牛奶的看法。牛奶公司对他的这种做法持怀疑态度："他为什么要这样问问题呢？"但这并没有削弱他的自信，也没有让他对精神分析揭示的真理产生怀疑。他给美国六大营销公司写信，介绍自己"是一位来自维也纳的年轻心理学家"，并声称"有一些有趣的想法可以帮助他们做更成功、更有效的营销，提高产品销量，与消费者更好地沟通"。他着重强调了自己与弗洛伊德有关系，当时弗洛伊德关于潜意识重要性的观点正通过美国的大众媒体广为传播（尽管当时的媒体经常对弗洛伊德进行调侃）。迪希特在维也纳确实接受过精神分析训练，但并非由弗洛伊德亲自指导。不过，他曾在维也纳与弗洛伊德住在同一条街上，只要有机会，他就喜欢在谈话中提及这一点。迪希特很喜欢以精神分析师的角色告诫营销人员几点简单的事实。他会说，人们并不真正了解自己，所以问他们是没有意义的；他会反复强调，你不能问别人为什么会患上神经症，因为他们自己也不知道，人的生命中大部分时间都是被无意识占据的。同样，他认为，去问人们为何选择某一品牌而非另一品牌也是没有意义的，这完全取决于潜意识的联想和无意识的冲动、被压抑的欲望、防御机制和愧疚感，这些都是神经症和日常消费欲望的产物，包括对品牌的追求欲。弗洛伊德专注于精神分析一个方向的应用，而迪希特则专注于将其应用在另一领域。他将这视为使命，这也是他无意识的驱动力。

将研究对象置于自然环境中至关重要，这在当时是对人类心理驱动市场研究发展更为简单的一种认识方法。传统观点认为，人们能主动告知自己喜欢这款产品而非其他产品的原因，他们知道自己喜欢什么、不喜欢什么。当时，大型市场调研公司受托进行了数百项调查，只是简单地询问受访者为什么购买此产品而非其他。万斯·帕卡德（Vance Packard）在其1957年出版的经典著作《隐藏的说客》（*The Hidden Persuaders*）中，将这些方法称为"数人头"。据帕卡德所言，该方法的问题在于，受访者在接受采访时，为了对采访者有所帮助，所说的话往往与他们的实际行动关系不大。帕卡德说，受访者希望自己在世人面前显得"理智、聪明、理性"。但人们在决策时究竟有多理性呢？这就是个非常值得思考的问题。迪希特表示，基于他的精神分析训练，早已将这个问题的答案弄清楚，其实答案很简单，即"不是很理性"。此外，当时美国色彩研究所（the Color Research Institute of America）的一些新研究也支持了他的观点。

美国色彩研究所进行的另一项新兴研究，旨在重新思考人类大脑的运作方式并将其应用于商业世界。该研究所由另一位经过临床培训的心理学家路易斯·切斯金（Louis Cheskin）于20世纪30年代创立。切斯金也被誉为20世纪30年代"深度"营销方法的先驱。他也认为，消费者会在无意识状态下对产品进行评估，这些评估不仅基于产品本身，还源于产品的所有相关特性，包括来自人们对产品的感官输入，所有这些都在自动且无意识的情况下发生的。其中一个主要的感官特性是产品的颜色。颜色不仅富含生物学意义（比如，红色常会让人们无意识地联想到嘴唇、血液、性等），而且含有象征性意义（红色同样让人无意识地联想到喜庆、危险，当然还有性）。在切斯金看来，产品（或包装）带来的这些无意识感官印象可以直接影响我们对产品本身的感知，包括对其价值、价格和质量的感知，它还会影响我们对产品的情感反应。在一项市场调研中，色彩研究所对一款新型洗涤剂的包装设计进行了测试。该测试让参与测试的家庭主妇每周轮换试用分别装在三种不同颜色（黄色、蓝色及蓝色带黄色斑点图案）盒子里的洗涤剂。实验得出的结论是：家庭主妇反馈装在黄色盒子里的洗涤剂对衣服刺激性太强，大都抱怨"毁了我的衣服"；装在蓝色盒子里的洗涤剂则去污力不够强，衣服好像没洗干净；而装在蓝色带黄色斑点盒子里的洗涤剂刚刚好，"既洗干净了衣服，又不伤衣服"。实际上，三款装在不同颜色盒子里的洗涤剂是完全相同的，包装盒的颜色影响了被试对洗涤剂效果的感知。由此可见，营销人员操控的无意识联想能够决定消费者的偏好。

切斯金得出这样的结论，直接询问消费者对产品或选择偏好的影响因素并不能得到太多准确的信息，这不是一种非常有效的方法。与消费者所说的相比，他们所做的才更重要，我们决不能低估无意识在其中发挥的作用。切斯金所在的公司主张将德尔蒙特（Del Monte）食品公司的桃肉放在玻璃瓶里，而不是放在罐头盒里，这会让消费者不自觉地想起祖母把水果装进玻璃瓶的情景。他所在的公司还建议，在世棒（Spam）牌罐装午餐肉上放一小棵欧芹以示"新鲜"。这家公司的研究还发现，当改变了（7-Up）易拉罐的颜色后，比如罐身的黄色面积增加15%，就会引起消费者对口味变化的严重投诉，消费者会反映这款七喜饮料的柠檬味道太重了。现在它尝起来"有柠檬味"，因为消费者通过罐头的颜色被无意识地与柠檬联系在了一起。这项研究让人们开始质疑更为理性的消费者模式，并且怀疑人类的思维运作方式。

当时，欧内斯特·迪希特站在了这一领域的前沿，开发了一种全新的方法，以揭示消费者行为中更多非理性和无意识的一面。迪希特表示，我们需要从头开始，务必从我们与消费者的第一次接触开始。他认为，访谈对于市场调研来说可能具有启发性，但这些访谈需要从根本上加以改变。他建议，受访者的数量应大大减少，毕竟精神分析中的许多深刻见解都是基于个案研究产生的，但访谈的时间和深度却需要更长、更深入。迪希特希望，如果市场调研人员能让受访者长时间侃侃而谈，就很有可能会在自发言语涌现出的概念联想中找到一些有趣的东西，这些联想往往在人们自我控制较弱、不加防备的时刻出现。另一方面，市场调研人员还需要让受访者间接地（而不是直接地）谈论产品，要让他们说出自己的感受，而调研人员则需要仔细倾听，需要核对和交叉核对，需要倾听其中的不一致之处。市场调研人员不能把受访者说的话照单全收，而是需要理解产品在人们生活中的象征意义，需要解读受访者说的话。此外，市场调研人员还需要注意防御机制和投射心理。显然，迪希特的方法在很大程度上借鉴了精神分析的一些基本过程，并在很大程度上依赖于精神分析的众多核心概念。

在一本回顾自己初期职业生涯的著作中，迪希特概述了他理解和衡量人类动机的方法所依据的原则。他明确表示，出版这本回顾性书籍（这也是他个人有趣的自白）的目的是"澄清事实"。他认为，在关于"像他这样的'心理学家'是如何操纵美国公众"的这个问题上已经产生了许多误解。"我认为，现在是进行一些实事求是、不带感情色彩澄清的时候了。"他在书中写道。为了做到这一点，他说他需要从他对人类动机的基本理解开始解释。

他指出，人们的大多数行为都是由紧张造成的，每当张力差变得足够强时，就会导致行为改变。他在书中举了一个购买新车的例子。家庭中一个典型的"紧张关系"来自孩子对旧车的抱怨、朋友爸爸的车更好、汽车广告则不断告诉你其他车有多好以及车旧意味着年久失修，等等。迪希特说：

> 面对生活，我们一直在处理一系列的事件，有些事件来自内部，有些则来自外部；有些是技术因素造成的，有些是心理因素导致的。所有这些事件都会积累成紧张局面，最终导致促成行为的发生。当张力差变得足够大后，最终会触发行为。

值得注意的是，他强调了孩子在家庭中产生这种"张力"所起的重要作用，这实际上是引发行为改变的关键因素。

迪希特称自己的这套方法论遵循三项基本原则。第一项原则是功能原则。在他看来，除非我们一开始就知道人们为什么买车或吸烟，否则我们无法解释为什么有些人每次都买同一品牌的车或选择特定品牌的香烟。研究者需要深入挖掘人们在日常环境中的购车和吸烟行为。以吸烟为例，他说我们需要"以一种不会干扰吸烟与其相关活动和现象间自然联系（如工作习惯、闲暇时间、职业、健康等）的方式来分析吸烟行为"。这种方法并无新意，实际上只是运用文化人类学实践罢了（而不主要是精神分析）。他引用了玛格丽特·米德（Margaret Mead）的观点："人类学之所以重要，是因为它试图在自然环境下观察共享同一文化的每个个体。"

迪希特提出的第二项原则是动态原则。他认为，人类的动机在一生中会随着愿望的变化而变化。消费者的消费动机和消费选择受到以往经验和个体期望的影响。换句话说，不同行为的本质需要对所讨论行为的性质采取纵向视角进行分析。迪希特将产品的初体验作为研究的一个主要焦点，比如购买的第一辆车（在象征意义上总是最重要的）、抽的第一支香烟

（例如，我在老夜巡员的小屋里吸第一口烟的体验）、穿的第一件裘皮大衣
（不同时代时髦产物各异）。他会让受访者详细讲述这些初体验，以了解他
们当前的购买动机以及该动机是如何随时间推移而发生变化的。一想到他
可能会问我初次吸烟的感受，我会笑死，吸了一口老夜巡员递给我们的又
脏又旧的烟头，除了恶心我没有任何感受，但那次经历至少会让我从此远
离香烟，我很感激。迪希特还能从中联想到其他什么呢？

迪希特的第三项原则是基本洞察原则。他指出，人类动机的关键
在于，作为行动者，我们或许真的不知道自己为什么会在众多选择中去做
这件事而不是那件事：

> 在研究人类动机的实践中，我们感到我们有责任深入洞察，
> 坦然接受这样一个事实，即我们人类的动机大多是非理性的、无
> 意识的，甚至不为人所知的。这一原则意味着，大多数人类行为
> 背后的动机比表面看起来的要藏得更深，如果用对方法，这些动
> 机是可以被发现的。

当然，如果你去问人们为什么做某事，他们会给你一个答案（如"我
们的文化不允许我们承认把真正的非理性作为我们行为的一个理由"），所
以迪希特不会直接去问他们这个问题；相反，迪希特会让人们间接而深入
地交谈（如"告诉我你第一次吸的是什么烟"），他会鼓励人们表达自己
的情感，谈论极端情况（如"告诉我你喝过的最好喝的啤酒和最难喝的啤
酒"）。这样做的目的是为了调动"真实感受"和"真实经历"，避免人们
给出"深思熟虑的观点"。然而，或许最重要的是，迪希特鼓励人们自然
流露，然后去仔细分析他们，找出他们真实的感受和意图。换言之，这种
方法并不从表面来分析人们的观点：

　　深度访谈的许多方面都借鉴了精神病学中的方法，因为精神病学的核心问题是弄清楚人们行为背后的真正原因。我们在日常生活中也会不断运用这些技巧。例如，当女主人一边打着哈欠，一边挽留我们多待一会儿时，大都不需要任何深度访谈或心理学知识，我们就能察觉到她所说的与实际感受之间的不一致，我们应该识趣地起身告别了。

迪希特会把录好的受访者与各种产品互动的场景放给他们看。例如，当女人看到自己花大量时间通过在一块香皂上滑动手指来测试其光滑度时，她们往往会感到很惊讶。他也会借助心理剧的方法，让受访者通过表演来展现自己与产品之间的关系。例如，棒球手用拳头击打棒球手套所发出的声音对于棒球手套来说是一个至关重要的维度。他还会使用各种投射技术，如"想象一下，如果你还是个喜欢从钥匙孔偷看厨房的小孩，要是这个厨房是10年后的厨房，你会看到什么？"

迪希特职业生涯中的首次重大成功是与康普顿广告公司（Compton Advertising Agency）合作推广象牙牌（Ivory）香皂，当时该品牌香皂的销量正大幅下滑。自1879年人们偶然发现这个"能浮起来的香皂"后，多年来其销量一直表现不错。当时，传统的市场调研方法是询问消费者为什么选择这款产品，或者为什么没有选择该产品。但迪希特决定运用功能原则试试看，他认为，在更深入地了解人们的沐浴心理之前，无论推广什么品牌的香皂都没有意义。因此，他以其惯用的非指导性方式，开始在全美各地的基督教青年会（Young Men's Christian Association，YMCA）采访了100人。"我决定与人们谈论日常泡澡和淋浴这两个话题，而不会问他们为什么洗澡或为什么不用象牙牌香皂洗澡。"迪希特发现，沐浴有着各种隐含的心理意义，对于一些人来说，沐浴并不仅仅是洗去污垢，更是一个心理净化的过程。正如他自己所说："你不仅洗净了身体，还洗去了罪恶感。"他想出的广告语是："聪明起来，用象牙牌香皂开启新的一天……洗去你所有烦恼。"这里的"烦恼"隐晦地表达出，如果用对了香皂，心中那些不能说的罪恶感就都能一洗而光。这听起来可能太假或有点牵强，香皂怎么能洗去罪恶感呢？然而，象牙牌香皂的纯白色有诸多寓意。例如，它让你心生期待，洗净后能穿上漂亮衣服出门，引导你放眼未来而非专注过往。这代表了把认知关注点放在未来而非过去。如果你能通过沐浴这一种仪式重塑自己的认知关注点，那么你就能应对那些过多反刍而产生的情绪（比如罪恶感）。这对欧内斯特·迪希特来说再直观不过了，但更重要的是，这场营销活动取得了巨大的成功。

但沐浴不能只是为了摆脱罪恶感，那样会让人感觉非常奇怪，这就好比说雪茄在任何情境下都带有某种性暗示一样。毕竟，弗洛伊德不是也说过雪茄有时就是一支雪茄。不过有趣的是，尽管这句话经常被认为出自弗洛伊德之口，但事实上他本人可能从未这样说过，但这一说法仍然存在。

其实，不可能每一次沐浴都是为了消除罪恶感，世界上真的有那么多的罪恶感吗？由此迪希特还提出，沐浴有时还具有其他不同的心理功能。他说，在美国的清教徒群体中，沐浴是"少数几个被允许在打香皂时抚摸自己的时刻之一"。这不再是为了摆脱罪恶感，而是享受肉体的愉悦。迪希特认为，如果你要推销香皂，那么无负罪感的抚摸体验就可能是一个沟通重点。这让他开始思考另一件事，于是接受过精神分析训练的他又动起了营销的脑筋。抚摸有很多种类型，这取决于谁在抚摸以及谁在被抚摸。毕竟，触摸是最强大也是最暧昧的交流方式之一，需要仔细思考其内涵。例如，母亲或伴侣的抚摸就完全不同，迪希特认为在营销过程中必须慎重考虑这些区别。因为有些香皂，诸如卡玫尔（Camay）香皂的"抚摸"可以被塑造成感性的、放纵的"诱惑者"的形象；而其他香皂，比如象牙牌香皂的"抚摸"则代表母爱和关怀。因此，早在1939年，迪希特就提出了产品的"个性"或"形象"的概念。现在看来，我们或多或少认为这是理所当然的事，但在当时却是非常新颖甚至是开创性的。在迪希特看来，营销活动可以围绕产品的这些个性展开，这些个性首先通过深度访谈被挖掘，然后在营销活动中系统地开展。迪希特最初识别出的一些产品的"个性"在接下来的几十年里一直保持着，它们已成为我们今天所熟知和认可的产品。

　　20世纪50年代的一则卡玫尔香皂广告是这样的：一位面容姣好的新娘被年轻的新郎抱过门槛，新娘涂着鲜艳口红的嘴唇非常引人注目。她的嘴唇微微张开，露出洁白的牙齿，新郎紧紧搂住她的腰，而新娘则将新郎拉向自己。广告词写道："使用卡玫尔的第一块香皂，让你的肌肤更清新靓丽！"其中，"第一块香皂"以英文大写字母呈现，下方还有一条红线的下划线，以引导观众的视线在红唇与红线之间游走。卡玫尔被形容为"香皂中的蛋糕"（正如其他一些香皂一样），令人沉醉，值得细细品味，它带给人感官上的享受，而非仅仅是功能性产品。"第一块"蛋糕暗示了"初次"的意味，在潜意识中传达出这是这位年轻健康新娘的第一次。换句话说，她还是处女之身。在香皂包装周围和主图下方未包装的香皂旁，点缀着红色的玫瑰。这是广告中第三次使用红色元素。当然，红玫瑰象征着浪漫，但同时也与求爱过程紧密相关。男子在约会前会送给女子红玫瑰，这是男子愿意与女子相守和等待的标志，也是女子是否会接受的悬念时刻。今晚，男子终于结束了漫长的等待，这轻抚般的触感，正如香皂的爱抚一样令人陶醉。

同时期的另一则广告中，一名女士正在沐浴，泡沫覆盖了她私密部位。和上一则广告一样，这位女士也是妆容精致，鲜红的口红完美无瑕，涂得恰到好处的朱唇微微开启，她双手握着一块白色的卡玫尔香皂愉快地揉搓着。她眼睛半闭着，好像沉浸在美梦之中，但映在浴缸旁镜子里的她眼睛似乎完全闭上了，看起来好像刚刚获得了性满足。广告文案是这样的："拥有这块粉嫩的卡玫尔香皂，你每天都会变得越发可爱"。不过，这则广告比上一则多了一句话，所表达的没有什么歧义。"当你臣服于这绝妙的爱抚……感受卡玫尔温柔的泡沫将你包围的感觉吧。"这是一种诱惑，甚至超越了性诱惑，它让你屈服于诱惑者的爱抚，这是在沐浴时用一块香皂就可以享有的无负罪感的性爱。

象牙牌香皂与卡玫尔香皂不同，它从来都不走诱惑者的路线。象牙牌香皂是纯白色的，而"纯洁"是它的主要联想特点。因此，象牙牌香皂更具母性、更让人感到安慰，是一种不同的爱抚，需要以不同的方式进行营销。"把你的烦恼洗掉"就像母亲安慰你的方式（原谅你的过错，从而让你消除负罪感）。因此，象牙牌香皂广告建立在母性形象上，经常展示一个纯洁的、有着"象牙色脸蛋儿"的宝宝形象（当听到"妈妈"这个词时，你首先联想到的是应该是"宝贝"吧）。广告文案是这样的："宝宝有着象牙般洁白的小脸……为什么你不能拥有呢……相比其他香皂，医生为你优先挑选了这款适合您肤色的象牙牌香皂。"另一则广告文案是这样的："想象一下，全场最高性价比的香皂！"外加一张宝宝照片。这则广告目标受众是家庭主妇，为了家人有更好的生活，她们会精打细算，遵从医生的建议，保养好自己来让丈夫更加忠贞，在沐浴时能把这些烦恼都洗掉（用这款香皂还能让你重获娃娃般的瓷肌），把罪恶感一洗而光。这两款香皂的原型"人格"来自精神分析理论——作为荡妇的妻子和作为母亲的妻子。你可不能直接询问消费者这些事情，否则他们会对你嗤之以鼻或者揍你（"你再说一遍，谁是荡妇？"）。

　　然而，这种方法很容易被人质疑，因为这是利用了消费者的无意识并试图加以操纵的，但迪希特辩解，有确凿的数据来评估这一假设。当然，这些数据不一定是纯粹的科学数据，但白纸黑字的销售数据能够清楚地证实这一想法是否奏效，这"比任何实验室实验都更直观"。象牙牌香皂的销量猛增，据《广告时代》（Advertising Age）报道，到 1979 年，象牙牌香皂的销量已超过 300 亿块。我记得 20 世纪 80 年代，当我母亲的老磨坊被拆除后，她在贝尔法斯特市以北购买了第一套带浴室的房子，她当时买的第一样东西就是一块卡玫尔香皂。她说，在破旧的磨坊里住了那么多年，她应该奢侈一下、放纵一下了。播放了 40 年的广告早已在她脑海中根深蒂固，她对卡玫尔香皂的特性可谓了如指掌。

　　迪希特随后将注意力转向了汽车市场。他的任务是了解克莱斯勒（Chrysler）汽车公司的新款普利茅斯（Plymouth）牌汽车为什么没有像公司预期的那样畅销。克莱斯勒汽车公司自己的营销机构 J. Stirling Getchell 公司的市场报告非常值得一读：

> 　　在调查影响汽车销量因素时，迪希特博士提出了一种新的心理研究方法，超越了当前统计研究的局限。坦白说，我们一开始对这项研究的可行性和研究价值持怀疑态度，后来我们才知道，公司的高管们一开始也持怀疑态度。

　　克莱斯勒汽车公司感兴趣的问题主要有两个：一是为什么大多数购车者会重复购买同一品牌的汽车（当时这类顾客估计约占 70%）？二是女

性对购车决策有什么影响？当时营销人员的感觉是，基于标准调查得出的这两个问题的答案都不尽如人意。对于第一个问题，标准答案是出于"习惯"或"忠诚"，所以才会倾向于购买相同品牌的汽车。而对于第二个问题，营销人员则完全没有答案。迪希特对那些试图用习惯来解释行为的做法一贯嗤之以鼻：

> 这些解释类似于精神病学几十年来收集的伪科学事实，即将人们对狭窄场所的恐惧解释为幽闭恐惧症造成的。简单来说，这种解释就相当于说，他之所以害怕狭窄的空间，是因为他患有幽闭恐惧症。

迪希特通过深度访谈，为这些问题提供了全新的答案，这些答案是企业和营销人员前所未闻的。他指出，汽车（就像香皂一样）都具有个性（你与汽车相处的时间越长，对它的体验越深，它的个性就越鲜明）。当然，他基于所接受的精神分析训练还指出，汽车显然映射出了我们内心深处的幻想。例如，敞篷车象征着自由，投射出人们渴望年轻、活力、自由、回归单身的幻想。因此，迪希特认为，正因如此，妻子很少会让丈夫购买敞篷车，这与经济实力、是否适用甚至（在那个性别歧视的时代）与"坐敞篷车容易吹乱头发"都无关，而是因为妻子对丈夫买敞篷车的象征意义持消极态度，尽管她们绝不会让自己想得那么具象，但这样的想法太具威胁了）。女性在潜意识里嗅到了敞篷车对她们婚姻的威胁。因此，迪希特推断，汽车经销商应该将敞篷车放在展厅靠前窗的位置，以吸引那些被愿望驱使，渴望年轻、重获单身自由的中年男性。然而，除此之外，汽车经销商还必须确保在敞篷车后面摆放足够多吸引人的轿车，这样丈夫和妻子（他们出于不同的欲望和动机，无论是显性的还是隐性的）能够做出一致（或是相互妥协）的决定。迪希特断言，女性在家庭中扮演着重要的经济决策角色，无论如何最终的决定都是夫妻双方共同做出的。

就女性在家庭购车中的作用，迪希特的总体看法是"约95%的购车是由女性直接或间接影响的"。一旦你认识到这一点，由此产生的结果就非常符合逻辑了。按照迪希特的说法，女性是"普通收入家庭的钱掌柜"，因此，你必须给她们以"道德许可"，让她们"不带罪恶地挥霍"才能购买新车。在当时（1939年），许多女性仍然认为汽车是奢侈品，而营销人员的目标是说服她们，让她们认为汽车是必需品。

随后，迪希特将研究转向了大多数购车者会反复购买同一品牌汽车的问题。"这不是习惯使然，"迪希特博士说道，"这一解释太过简单，根本称不上是一个合理的解释，真正的原因是与旧车分离的焦虑和恐惧所致。"他认为，我们对旧车有着一定程度的心理依恋，一想到要处理掉它，我们就会产生"分离焦虑"。根据迪希特的说法，相较对旧车的处理，人们购买新车的频率更低。尽管旧车已经问题多多，但我们仍然不忍与之分离，因为旧车已成为我们个性的一部分。将其转让出去，就如同将部分自我舍弃。他将此称为一种"分离焦虑"，但这是一种奇特的"分离焦虑"，它更像自我分裂的一种形式，将自我的一部分拱手让人。因此，迪希特认为，我们本质上是在妥协，我们购买了一辆更新款的车型，但坚持购买同一品牌以减轻分离焦虑。这是复购同一车型的一个主要原因。此外，还有对尴尬的担心。男性在购买汽车时，会觉得"购买一辆基本情况和机械特性都熟悉的汽车更安心"。鉴于男性不想让自己看起来愚蠢，所以他们不希望购买一辆自己不熟悉的车，不想在他人面前操控自己不熟练的汽车。

这些想法都极具颠覆性，与以往向克莱斯勒汽车公司或当时任何其他

汽车制造商提供的方案都截然不同，这基于一种全新的思维方式。在 1939
年之前，普利茅斯牌汽车的整个营销活动中都只强调了这款车的与众
不同，迪希特的营销设计在当时就显得尤为激进。之前的广告文案是这样
写的："这款车与您以往开过的任何一款车都不同。"据迪希特所言，这种
宣传语会适得其反，会加剧人们对改变的恐惧，从而减弱了推广效果。迪
希特建议，经销商应该将营销活动的重点放在恐惧感的降低上，强调只需
开几分钟就能在新车驾驶中找到旧车的感觉。

　　这一推广活动再次取得了巨大的成功，J. Stirling Getchell，Inc. 公司直
接聘用他为全职员工。几年后，迪希特又将研究方向转向了口红。在迪希
特看来，类似男性外生殖器官形状的口红会对销售产生巨大的影响，因为
在潜意识层面能让人想到性。"但我们必须小心，不要做得太过了，"迪希
特警告说，"也不要让这一类比太明显。"到了 20 世纪 40 年代末，他则做
了一件颇具争议的事，即将研究方向转向了吸烟行为。今天看来，迪希特
在这一领域带来的巨变让后人至今仍在为此付出代价。在迪希特将注意力
转向香烟之前，他认为所有的香烟广告（和其他广告一样）都犯了一个严
重的错误。当时的广告都在强调香烟的味道，或者强调抽起来有多柔和。
在 20 世纪 40 年代的切斯特菲尔德牌（Chesterfeld）香烟的广告中，美国
影星艾伦·拉德（Alan Ladd）就一直在说"我喜欢切斯特菲尔德牌烟，
这是我中意的牌子，抽起来很柔。好彩（Lucky Strike）香烟就是好抽"。
在对 350 名吸烟者进行了深度访谈后，迪希特得出结论：口感、柔和度或
香味等都是人们在吸烟时考虑的"次要因素"，香烟主要的吸引力在于抽
它的人能获得一系列心理愉悦。他认为，从心理学的角度来看，香烟以几
种不同的方式发挥着作用。第一，香烟可以让吸烟者重拾孩童那样"随心
所欲"的感觉，香烟能为他提供"打断工作、忙里偷闲"很合理的借口。

第二，我们像孩子一样渴望奖励，抽上一支烟就是一种我们可以随时给自己的奖励。迪希特认为，市场营销人员应该利用这种对自我奖励的洞察作为营销活动的基础。

然而，这只是他对吸烟行为所观察的心理本质的一部分。在深度访谈中，一些受访者还表示，吸烟时他们永远不会感到孤独。也许，这是利用了"火"的原始概念，"烟火"是一种温暖的光芒，能激发根植于我们人类进化过程中的远古记忆，让人想起原始时代大家围坐在火堆旁的场景。迪希特的一位受访者说："当我在黑暗中看到火光时，我就不再孤单了。"迪希特补充说："人们还会用香烟来抵抗孤独和寂寞感，这点非常重要。此外，香烟的陪伴特性也体现在它可以帮助我们结交朋友上。"这一洞察构成了一系列营销活动的心理基础。

我至今还记得儿时听过的歌，还有那句令我无法忘记的广告语，那是我从位于房间角落的黑白电视机里看到的：

> 一位穿着雨衣、戴着软毡帽的绅士缓缓穿过潮湿且冷冷清清的伦敦街道。他走得非常慢，仿佛没有什么目的地。为什么他在这个夜晚独自一人呢？他是被人爽约了吗？只见他掏出烟盒，点上一支，微微一笑。

直到现在，我闭上眼睛还能看到他心满意足的笑容。这其实就是一个引子。随即，音乐响起，传来这样的独白："只要与斯特兰德（Strand）香烟相伴，你永远不会孤单。"这句广告语至今仍在我脑海中挥之不去。我可能会忘记我的孩子们对我说过的非常重要的话（我甚至都不记得他们开口说的第一句话，实在惭愧），但我却一直无法忘记由大脑记忆过滤后留下的话。这则"孤独男人"广告从 1959 年开始播出，"斯特兰德……当下时髦的香烟。新款过滤嘴的斯特兰德，一包只卖两三便士。"在接下来的四五十年里，我看到很多寂寥人士手里夹着一支烟来缓解心头那股极度的孤独感，也许就是因为当初好巧不巧受到这则广告的影响吧。

迪希特研究方法的重点就是探寻香烟在人们生活中所扮演的各种角色和功能。换句话说，他想从心理学角度理解香烟对人们生活的影响，这是他从玛格丽特·米德和其他文化人类学家的著作中所学到的，这也是他所做的功能分析的基础。他经过反复观察发现：

> 人们吸烟是为了缓解紧张情绪，或者作为对辛苦付出的奖励；而对于预感要发生的事情，他们也会通过吸烟来减轻些许压力；同时，吸烟也象征性地展现了自己的勇敢；吸烟也是一种让人与人建立联结的方式；吸烟作为一种仪式化行为，无须太多预演，就能呈现一种成熟的气质；人们在性爱前吸烟以缓解紧张，而在性爱后吸烟则是自我放松的奖励。

迪希特的上述观察在营销过程中都起到了非常重要的作用。

当然，吸烟还能带来口欲满足，"它就像性欲和食欲一样，是人类的基础欲望"。在这个问题上，迪希特想起一些关于人类心理发展和冲动的早期以及人类如何应对的伟大的精神分析理论。吸烟的本质是什么？它是一种行为方式，充斥着象征意义和社会内涵，当人们感到压力或挫折时，你会把一些东西放在嘴里来安慰自己，或是作为一种奖励。它是口欲上的满足，就像弗洛伊德理论中婴儿吮吸拇指一样。吸烟这种行为不仅是社会所接受的口欲满足方式，而且能发出成熟的阳刚之气和强大性能力的信号。

吸烟行为之所以如此强大，是因为它在满足婴幼儿对安全感需求的同时，还能发出象征成年人的成熟信号。万斯·帕卡德于 1957 年指出，青少年吸烟是为了让自己看起来像成年人（比如我那些朋友们在十一二岁时所做的事），而老年人吸烟是为了看起来"更有活力"。

迪希特还强调了点烟这一动作的强大效果（当然，它还有更多的"社会"内涵）。从进化的角度来讲，正是火的力量帮助定义和塑造了智人。所以，我们不仅在历史的进化中一直与火形影相随，在个人的成长历史中也是如此，火代表了发展中的一个里程碑。的确，当你把它握在手上的时候，就意味着自己把孩童时代抛在身后了。现在，它就是你最想要的东西，而不再是玩具，不再是阿帕奇要塞或导弹发射器，不再是骑在马背上的骑士。这个东西是打火机，哪怕只是一个普通的小锡皮打火机，它也绝对不会出现在你的圣诞袜里。它是你与原有家庭断开纽带的象征，也代表着你与伴侣建立另一个自己的家庭。我不知道哪个儿时玩伴儿先弄到的打火机，但我清楚记得这位盗火的"普罗米修斯"把打火机给大家传看，还喋喋不休地给我们讲解如何使用，好像它是一个复杂的机械：要慢慢地把小齿轮往后拉，动作一定要慢，然后让它冒出火花。点着以后，你就能感受到这股火的力量了。现实情况下，并不是每次都能点着打火机，有时你得用那笨拙而细嫩的拇指向下滑动四五下才能把火点着。根据迪希特的说法，这是打火机的一个设计特点，是一种概率变化不定的情况（和老虎机一样），让人沉迷其中。然而，来回几次的等待是值得的，这才是一种真正的激励：最终，你掌握了点火的力量。这是一种植根于群体动力论与求生欲的原始力量，研究过进化生物学就会明白，这其中满是深刻而重大的情感意义。当"来吸烟，小伙子们，点上一支吧"这句话说出口的时候，孩子们用各种湿湿的嘴小心翼翼地叼着烟，然后围在一起凑近火焰，仿佛有一根无形的绳子把大家拴在了一起。

幸运的是，我还找到了我的第一个打火机。换句话说，我不用去偷或买一个了（考虑到这得花钱，更拉不下面子去小偷小摸，这对我来说都是不太可能的）。我那个打火机是塑料的，淡橘红色，像廉价的口红。它颜色不正，可能是为那些对口红色号拿不定主意的女孩设计的，也许她们想拿个打火机来搭配呢。所以，当她们坐在电影院后排时，打火机可以为她们的红唇招来更多的目光。我母亲总说，不管怎样，只有某些类型的女孩才会给男人点烟。打火机的脾气很暴躁，能不能打着的概率总是说不准。尽管我不吸烟，但我还是会把打火机带在身上。"谁能借个火？"当我的朋友问时，我就会把打火机掏出来。"你不抽烟吗？如果你还没想好自己买烟抽，可以先抽我的，"我说，"没事，我不抽。"

我的朋友达克把烟叫作"棺材钉"，即使在当时这个叫法也很有趣。只要他问"谁要棺材钉"，一众人就会向他伸出手来等着散烟。一包烟通常是 20 支装，没有人会问这包烟是怎么来的，大多数年轻人那时只能买得起在糖果店出售的单烟（"老板娘，麻烦来一根 Park Drive 牌香烟。"）。然后，他们会坐在公园里吐烟圈，有时还会直挺挺地仰起头吐一长串烟圈，然后用手指把还在燃烧的、铅笔一样粗细的烟头弹射出去，像飞镖一样刺穿这串烟圈。我知道，他们是想秀一把，他们看别人这么做，也想有样学样。比如，他们会学美国西部片中的牛仔（那些需要时间思考的坏人）吐着烟圈，或者像准备大干一场的混混一样把烟头狠狠地掐灭。他们的神情看起来格外认真、严肃，一副不好惹的样子，到点起身就立马走人。我们的父母都抽烟，但他们抽烟的样子不一样。我们为自己重新创造了吸烟这个行为，每代人都会这么做，会不断追随着新的偶像、新的时尚，创造出各种各样的象征符号来诠释当下。我们的小伙伴抽烟的时候都很酷，或者说他们大多数人都是这么看的，但我们的父母抽烟的时候看起来却很沮丧、叹气连连。

多年后的一天中午，我和达克坐在贝尔法斯特的一家昏暗的酒吧里，他依旧烟不离手。我们聊起了往事和儿时的趣事，达克笑得浑身发抖，烟灰都掉在了桌子上了。他看到我盯着那掉落在油腻桌面上的烟灰看，感叹道："你还不抽烟吗？你没意识到自己错过了什么。吸烟可是生活中的一个小快乐，这种乐趣是无法被别人抢走的。"说罢，他立刻用他金灿灿的打火机又点了一支烟。他注意到了我羡慕的眼神（至少他是这么解读的），说道："现在只抽最好的。"我主动附和道："你还是那个掌控一切的家伙。"他又重复了一遍："还是那个掌控一切的家伙。"他深深地吸了一口烟，好像要把烟都吸进肺里，迟迟不吐出来，似乎打算让烟永远留在体内。他一直说我是个掌控一切的人，但说实话，我从未这么认为过。他慢慢地把烟吐向我，直到我尴尬地咳了几声。

如今，达克已去世多年了。我们谈论过生活方式的选择，这就是达克的选择，但欧内斯特·迪希特对大众的选择起到了直接诱导的作用。为了把烟卖给达克、我的母亲、阿格尼斯姨妈，迪希特博士说，我们要了解吸烟者的心理需求，以及吸烟能给大家的生活带来什么，无论你住在美国曼哈顿的富人区，还是住在北爱尔兰某座政治上分裂出来的环境恶劣的城市里。同时，迪希特还指出："我们还要直面吸烟产生的心理冲突。面对快感和罪恶感起冲突的消费者，广告商最重要的任务之一不是推销产品，而是为其提供毫无负罪感地尽情享乐的道德许可。"这显然让人联想到向购车者的妻子推销克莱斯勒普利茅斯牌汽车的案例。而在童年或青少年时期学抽烟，总会在一定程度上伴随着罪恶感，无论他当初是多么地叛逆。的确，与吸烟相关的负罪感也因以下的事实而加剧。到了 20 世纪 50 年代，越来越多的证据表明吸烟极度危害健康。尽管迪希特对这些不断出现的证据不屑一顾："科学和医学对吸烟的心理作用研究给我们带来很大困惑，即有些人得出吸烟有害的结论，而另一些人则对此持否认态度，这两种结论同样也都有吸烟者的赞同。"烟草公司之前曾试图通过传播"吸烟不会致死"的信息作为其营销的一部分，通常的做法是让医生（有意思的是还有牙医）推荐几款"更健康"的香烟品牌。迪希特认为这又会从根本上误导吸烟者，无意识中将吸烟与死亡率上升联系起来。在公众解读这段话的时候，"不会致死"反倒不会被判断为关键信息。迪希特得出的结论是，吸烟能给烟民提供心理满足感，这些满足感足以使其克服健康恐惧、抵抗道德谴责与嘲讽，甚至忍受沦落成"烟奴"这一境地。如今的广告侧重于用成功的男性吸烟者形象示人，传递出他们通过抽烟来放松，并作为对自己辛勤努力的奖赏。甚至，这些忙碌而有话语权的广告人形象有时竟然是医生。然而，这不是为了向人们保证"医生吸烟不会致死"，而是为了展示"最忙碌的人 24 小时都在待命"以及"这是一个集科学家、外交官、富有同情心的友善之人于一身的人"，他努力工作后通过吸支烟放松放松。迪希特的这些广告全都做到了：打破了之前涉及医生的广告中强调吸烟与健康、疾病、道德和死亡的联结，新广告仅把医生塑造成令人安心的、忙碌而成功的楷模，他们应得到片刻的休息。此外，医生还被冠以"科学研究者"之名（你何时听闻全科医生被称为"科学家"呢）。这样一位科学家显然能够对不断出现的证据进行评估，然后有意识且深思熟虑地选择抽骆驼牌香烟。在"与其他品牌相比，更多的医生喜欢骆驼牌（Camels）香烟"这句广告语中，"更多的"（more）和"医生"（doctor）的英文首字母大写"M"和"D"被标红，放在一起便是"M.D."，即英文"Medicine Doctor"（医学博士）的缩写，这是为了让人们通过视觉和知觉，将字母

"M"和"D"放在一起，让其从背景中凸显出来。换句话说，我们在广告里谈论的是医学博士，他是真正的医生，可不是博士或（更糟糕的）江湖医生，他是靠谱的专业医生。就广告效果而言，这些广告非常具有影响力，而且是有效的，这是从可观的销售数据得出的结论。

然而，迪希特在他关于吸烟心理和有效营销香烟的研究中还做了一件鲜为人知的事。他提出，任何有关吸烟与不良健康之间统计关系的证据都很可能是其他跟人本身因素相关的产物。这一观点为之后尝试为吸烟辩护和吸烟推广奠定了基础。他写道：

> 人们努力减少吸烟量，这意味着选择牺牲快乐来减轻……罪恶感。心灵会对身体产生巨大的影响，并因此患上疾病。罪恶感对身体有害，因此疾病不一定是由抽烟引起的，抽烟的影响可能非常轻微。这种罪恶感本身才是造成身体不健康的真凶。

换句话说，导致你罹患癌症的原因不是吸烟，而是你对吸烟的罪恶感，这种罪恶感来源于你的父母对你的吸烟行为进行的指责，尽管他们自己也吸烟。迪希特的意思是，不要把你的健康问题归咎于香烟，要怪就怪你的父母！但请记住，迪希特也曾就广告商的角色进行过定义："面对快感和罪恶感起冲突的消费者，广告商最重要的任务之一不是推销产品，而是为其提供毫无负罪感地尽情享乐的道德许可。"他打算帮助大家开心享受而不受罪恶感折磨，从而减少吸烟对身体的伤害。我想，他当时一定知道这完全是一派胡言。

我确实觉得非常奇怪，在20世纪六七十年代，普通大众并没有对吸烟行为更加警觉。大家为什么没有对吸烟有害健康的报道视而无睹呢？也许是因为他们被各种矛盾的科学证据弄得晕头转向了。显然，当时并不是所有科学家都认同吸烟与肺癌有关联的研究结果，至少表面上看是这样的。我记得，第二次世界大战后英国非常著名的心理学家汉斯·艾森克（Hans Eysenck）在20世纪90年代中期（即便是在那个时候）仍然认为，吸烟与肺癌在统计学上相关实际上只是个体性格的一种假象。在他看来，某些性格的人更易患肺癌，这种潜在的性格维度才是重要的患癌因素。导致罹患肺癌的不是吸烟，而是由遗传基因决定的性格。换句话说，汉斯·艾森克认为这些研究让人摸不着头脑，这对于科学研究来说是致命的。此外，艾森克从20世纪60年代就开始从事这项研究。然而，我的母亲和14岁就辍学的阿格尼斯姨妈又能有什么机会去了解真相呢？艾森克公开质疑吸烟与肺癌之间存在关联的科学证据，成功地将这一问题变成了科学家之间的一场"辩论"，而吸烟者则可以揪住这个"不确定性"来为自己的行为辩解。

2011年，马克·P. 佩蒂格鲁（Mark P. Pettigrew）和凯利·李（Kelley Lee）对最近发布的烟草行业文件进行了广泛的审查（有必要说一下，之所以会有这些文件的发布，是因为与烟草有关诉讼的关系），这些文件揭示了烟草行业是如何应对日益增长的关于吸烟导致肺癌的科学证据的。烟草行业人士希望就吸烟对健康的影响展开一场大辩论，以表明医学证据远非定论，以及专家之间在这个问题上同样存在分歧。烟草行业于1953年成立了烟草研究委员会（Council for Tobacco Research，CTR），以资助这场辩论的研究。其中一位受资助者便是著名科学家、被誉为"压力之父"汉斯·谢耶（Hans Selye）。汉斯·谢耶拥有卓著的学术背景与资历，发表过1700篇文章，出版了39部书籍（据称获得过10次诺贝尔奖提名）。马克·P. 佩蒂格鲁和凯利·李发现，与受烟草商所托相反，早在1958年，谢耶就开始主动联系烟草企业，为他的压力研究寻求资助，但第一次申请没有成功。次年，一家为卷入诉讼的烟企代理的律师事务所写信给谢耶，表示愿意支付给他 1000 美元，让他写一个协议备忘录，证明"医学上曾有过代表因果关系的显著关联，但后来却发现其关联的意义并非如此"。谢耶同意拿钱办事，但前提是任何引文如出法律纠纷都与他无关，他不想在任何法庭案件中出庭作证。正如人们所说，这仅仅是一段长期受惠利益关系的开始。鉴于他的学术背景与资历，谢耶对他们非常有价值。毕竟，谢耶是一位客观的科学家，或者至少在公众不知道他与烟草行业有金钱关系的情况下，人们会这么认为。谢耶建议，烟草企业应通过关注吸烟的"预防和治疗"来为自己辩解，让烟民致死的是压力而不是吸烟本身。他甚至提出，吸烟可以被宣传为一种帮助人们应对这种压力的方式，这其实对人们是有益的。根据佩蒂格鲁和李所述，1969 年谢耶"在加拿大众议院健康委员会（Canadian House of Commons Health Committee）作证，反对禁烟立法，反对香烟广告的限制和对健康的警告，以及反对针对焦油和尼古丁的限制"。自 20 世纪 60 年代以来，他每年得到的资助就高达 10 万美元（相当于今天的 75 万美元）。他在加拿大广播公司播出的节目中为深受压力的人阐述吸烟的好处。他认为，吸烟作为一种消遣，可以避免因压力而引发的疾病。奇怪的是，他并没有在节目中提及他与烟草企业的利益勾结，也没有把烟草企业付钱请他做代言人的事告诉大家。

与此同时，汉斯·艾森克在英国同样在这场吸烟与健康的辩论中扮演了类似的角色。他也是一位兼具高履历和影响力的学者（其实正是艾森克的著作让我对心理学产生了兴趣），他公开质疑吸烟与有害健康之间的关联。和谢耶一样，从 20 世纪 60 年代起，他也秘密地从烟草企业获得资金。当然，也有些人认为，烟草行业给科学家的钱仅仅只是研究经费，像艾森克这样的科学家必须想办法为研究项目筹钱。他们认为，这样的资助并不一定会妨碍研究人员的科学客观性。如果你也这么认为，那么你应当花点时间重读艾森克为此话题撰写的第一本书——《吸烟、健康与人格》（*Smoking, Health and Personality*），该书于 1965 年首次出版，这一年对英国烟草行业来说可谓重要的一年。1962 年，英国皇家医师学院（Royal College of Physicians）发表了《吸烟与健康报告》（*The Report on Smoking*），警告人们肺癌与吸烟之间存在密切联系。这份报告的结论在媒体上广为宣传，对于烟草行业来说，这显然到了关键时期。艾森克旨在表明，所有这些医学研究的结果"绝非无可挑剔"。从某种程度上讲，这是完全合理的，因为科学家有责任挑战已确立的正统观念，提出不同的假设、质疑并进行探究。但我读这本书时，我觉得自己只是在见证一个有科学头脑的人在胡说八道。我对他的论调和论点感到非常不安，这绝非事后诸葛亮。这本书远远不只在广而告之一个心理学理论，其理论还可能会影响到对吸烟和健康的研究。在我看来，这本书的字里行间充斥着玩世不恭和蓄意的谋划，根本没有心理学书籍应该有的样子。

艾森克的假设是，存在某些容易患癌的人格类型，也存在某些倾向于吸烟的人格类型。他认为，人格是罹患癌症风险极其关键却又容易被混淆的因素。当然，迪希特曾说过"罪恶感"是混淆因素，谢耶则认为"压力"是混淆因素。显然，金钱能买来很多之前可能无法解释的因素。艾森克提出，某些人格类型（比如外向型人格）之所以会对尼古丁感兴趣，是因为它是一种兴奋剂，所以可以帮助他们体验内心感受。换句话说，外向型人格吸烟是由"基因决定"的。当然，外向型人格与内向型人格在其他许多方面也存在差异。例如：

外向型人格偏爱喝咖啡和饮酒，喜欢辛辣食物，能接受婚前性行为和婚外性行为，他们容易冲动和喜欢冒险……所有这些都能轻易从这个普遍假设中推断出来。同样，我们也可以从中推断出，外向型人格更有可能寻求吸烟带来的刺激，这也是最初假设形成的基础。

到目前为止，你可能已经意识到了，许多吸烟者可能在许多重要方面与非吸烟者不同，而任何健康上的差异，如患癌风险，可能也并不能完全归咎于吸烟行为本身。

接着，艾森克引用了多尔的结论，他说多尔是"与吸烟致癌理论传播关系最为紧密的科学家之一"。多尔是这样论述的：

当这种疾病的性质让人无法进行合乎逻辑的结论性实验时，就为各种符合事实的观点留有余地。就吸烟而言，人们尤其难以设计和进行结论性的实验，而且这种实验也从未进行过。

艾森克接着补充道："多尔还引用了克劳德·伯纳德（Claude Bernard）的一句名言，大意是'没有正确或错误的理论，只有富有成效和无效的理论'。"

艾森克几乎同时做了几件事。他认为，就肺癌而言，结论性实验并没有真正进行过，因此"总是存在诚实的不同意见"。换句话说，他在书中剩余部分只是在陈述"诚实的不同意见"而已。除此之外，他还否定了理论只能分为正确或错误这一观点，而是试图用"富有成效"和"无效"对理论进行区分。他的意思是，理论不分对错，理论只有"富有成效"与"无效"的区别，而他要讲的就是一个特别新颖且富有成效的理论。总之，他通过暗示这种明确的区分并不适用于科学理论，从而真正动摇了读者判断科学理论正确与否的信心。有关吸烟与癌症的理论并不是对或错的问题，而是另一回事！

接着，他继续通过指出以前吸烟也被认为是其他一系列疾病的主要原因，来削弱肺癌等癌症与吸烟之间的关系。他写道：

> 认为是吸烟引起的疾病包括精神失常、脑出血、卒中、震颤性谵妄、喉炎、支气管炎、呼吸障碍、结核病、消化不良、胃炎、肠破裂、胃灼热、肝脏病变、腹泻、胀气、阳痿、谢顶、伤寒、皮肤病等，吸烟者的孩子被认为更容易患上疑病症、歇斯底里和精神错乱。

他补充说，上述这些指控"没有任何科学依据"。他所强调的是，之前被认为吸烟是引发一系列疾病的罪魁祸首，但多年后回头来看，这些皆被证明是非常荒谬的。言下之意，肺癌和吸烟之间的关系也可能如此。这段言论对读者有什么具体影响呢？既然没有人想让自己看起来很可笑（至少我没见过这种人），那就最好不要相信任何关于吸烟与肺癌之间的联系的结论，否则你就跟那些得出"吸烟导致消化不良"结论的蠢货是一样的了。

随后，艾森克回顾了罹患肺癌的风险与平均吸烟量之间关系的流行病学证据。1961年发表的研究报告似乎表明，吸烟与第一组肺癌有明显相关性，这些肿瘤通常为"鳞状细胞癌和未分化癌"；但和第二组的肺癌关系不大，第二组肺癌由支气管或肺泡细胞类型组成。艾森克再次蓄意削弱读者的信心："肺癌显然不仅仅是指一种未分化的现象，我推测，我们至少正在应对两种以上甚至更多截然不同的类型的肺癌，且这些不同的类型与吸烟有不同的关联。"紧接着，他对吸烟致癌理论做出的又一次攻击就更令人大跌眼镜了。他说："将风险与吸烟相关联的问题在于，吸烟行为本身与许多不同的变量相关联，这些变量会影响吸烟者摄入的精确化学成分。"因此，他指出：

> 这些变量包括吸烟时的吸力强度、吸烟持续时间、两次吸烟之间的间隔时间，以及正在燃烧的香烟的具体部位（即你吸入的是香烟的第一英寸还是最后一英寸）等。因此，我们实际吸入的成分在很大程度上取决于我们吸烟的方式。如果不进一步了解我们列举的这些不同变量，很难做出任何有意义的概括。

艾森克所暗示的是，那些潜在重要因素与吸烟行为本身有关，而研究人员并未对此进行控制性观察，这个问题是所有关于吸烟与肺癌之间关系的科学研究的基石。他写道：

> 我们可以问人们吸了多少支烟，这个答案完全可以接近真实情况。然而，我们不能问他们是怎么吸的，因为他们自己也不能给出一个明确的答复。我们也不能通过观察来找出答案，因为观察本身就会改变他们的行为模式。在这种情况下，所有与吸烟有关的统计数据都必须谨慎对待。

将他的观点换个方式来表达就是，任何表明行为风险与罹患肺癌之间关系的统计数据都是有缺陷的，因为我们无法确切分离出关键变量。这里的变量并不一定是你吸了多少支烟，而是你吸烟的方式。这是一个让每位有自己独特吸烟方式的重度吸烟者都脱离困境的观点。

在"想戒烟吗"一章中，艾森克提出了以下疑问：

> 对一个典型烟民来说，是戒烟还是继续吸烟更为理智？如果他继续大量吸烟，那么等他到了75岁去世时，他的寿命可能比不吸烟者短大约1.4年。他可能会进行一番合情合理的反驳："生活中本来就充满了各种风险，这么做虽然寿命缩短一点，但不管怎样，这点缺憾与戒烟失去的乐趣比起来就不算什么了。"这种回答的态度是理性的还是非理性的呢？当然，在被问及为什么不戒烟时，很多人都会给出这样的解答。烟民到了70岁或以上的年龄，因戒烟而失去的即时乐趣和满足感，无法通过可能延长的那一两年寿命来弥补。

他明确表示，即使发现吸烟会增加死亡率，选择继续吸烟也并非不理智。他最后一章的章名是"有烟必有火"。他这样写道：

> 有证据表明，大气污染很有可能是个更重要的因素，因此把所有努力和立法措施都施加在吸烟上是不明智的。从心理上讲，让人们改掉导致空气污染的习惯比戒烟要容易得多。如果我们的目标是减少当今可怕的致命肺癌，那么走治理大气污染的路似乎更有前景。

他的意思是，请大家把精力放在其他地方吧，放过那些优秀的烟草企业吧。然而，通过《独立报》（*Independent*）1996年10月31日的报道，我们现在终于知道，艾森克通过一个名为"4号特别账户"的美国秘密烟草基金获得了80多万英镑的资助。当然，正如我们已经知道的那样，艾森克并不是唯一一个秘密接受这类资金的人。

内奥米·奥利斯克斯（Naomi Oreskes）和埃里克·康韦（Erik Conway）在 2010 年出版的优秀著作《贩卖怀疑的商人》（*Merchants of Doubt*）中，描述了 1953 年 12 月 15 日美国卷烟公司（American Tobacco）、金边臣（Benson and Hedges）、菲利普莫里斯国际（Philip Morris）和美国烟草公司（U.S. Tobacco）这四大烟草巨头的总裁们在纽约广场酒店会见了伟达公关公司（Hill and Knowlton）的首席执行官约翰·希尔（John Hill）的场景，他们旨在挑战吸烟致死的科学证据。该书作者写道：

> 他们将通力合作，让公众相信这些对烟的指控"缺乏合理的科学依据"，而最近有关"香烟焦油与癌症"的报道只不过是些"哗众取宠的蓄意指控罢了"。是一些博眼球的科学家为了获取更多研究经费的手段而已。烟草商们不会坐视自己的产品被诋毁；相反，他们会成立烟草行业公共信息委员会（Tobacco Industry Committee for Public Information），提供"积极"且"完全支持吸烟"的信息，以对抗反吸烟的舆论。正如美国司法部后来所说，烟草公司决定"在吸烟对健康的影响上欺骗美国公众"。起初，这些公司并不认为有必要去资助新的科学研究，觉得"现有的可供传播的信息"非常充足。但约翰·希尔不同意这一观点，他郑重警告，烟草公司应该资助更多的研究，这将是一个长期的项目。他还建议在新委员会的名称中加入"研究"一词，因为支持吸烟的观点需要科学支持才站得住脚。最后，希尔总结道："科学上的质疑必须持续存在。"

在《贩卖怀疑的商人》一书中，虽然并未直接提及艾森克的名字，但他的研究与谢耶及其他众多学者的成果一道，都极大地加剧了公众对吸烟与癌症之间关系的不确定性。正如奥利斯克斯和康韦所言："在整个 20 世纪五六十年代，尽管大量科学证据都表明吸烟具有危害性，但报纸和杂志将吸烟问题呈现为一场激烈的辩论，而非一个科学所担心的问题。"我的阿格尼斯姨妈很喜欢在报纸上看这些辩论报道，也许对她来说，辩论双方都只是假设吧。梳棉工人的统计数据表明，以 75 岁为基数统计减少几年寿命的情形，从一开始看就不太可能实现。"你知道吗？"有一天阿格尼斯姨妈跟我说，"科学家以前认为吸烟会导致胀气，这个结论也太好笑了吧。如果结论成立，那么也应该是相反的结论。从不吸烟的人反而最容易胀气。"

此外，吸烟带来的愉悦感和满足感也不容忽视。用我母亲的话来说就是"这是我们唯一的乐趣"。每当我回忆起儿时的香烟广告，心中总是五味杂陈，既有怀旧之情，也有厌恶之感。这些都是我童年的记忆碎片。我还研究了那个时代的其他广告，比如跳广场舞的香烟，它们总是洋溢着健康、活力四射的氛围，还有最重要的——它们紧密相连。在这则美国广告里，香烟仿佛化身为人群，共同舞动，整齐划一。"你是否感到孤独无助？"广告中隐含的信息是："来根烟吧，你就能融入其中。"

此时此刻，我正坐在加利福尼亚圣巴巴拉的海滩上享受着阳光。我看见一位漂亮的十八九岁的金发北欧少年正走向两个和他年龄相仿的加州女孩，她们穿着粉色比基尼躺在沙滩上。男孩子弯下腰来，向这两个女孩借火，女孩从沙滩包里拿出打火机帮他点燃香烟，于是人与人的联结便轻松自然地建立起来了。如果没有烟，他还能这么容易做到吗？他还能拿什么跟这两个女孩搭讪？难道他要说："你们有地图吗？你们有指南针吗？

你们有瓶装水吗？你们有吸管吗？你们有防晒霜吗？"这些搭讪用语都派不上用场。然而，"能借个火吗"这句话总能让凡事都变得顺利且轻而易举。

在我眼前的海滩上，就矗立着一块 20 世纪 70 年代非常经典的万宝路（Marlboro）香烟的广告牌 [2004 年，奥古斯特·布洛克（August Bullock）在所著《秘密推销：潜意识广告概述》（*The Secret Sales Pitch: An Overview of Subliminal Advertising*）一书中对这则广告进行了分析]。广告中，一位牛仔骑着马，正在围捕一群流浪马。画面中有的马可以看到轮廓，有的则清晰可见。然而，布洛克认为，当你细看后会发现，事情并非第一眼看上去的那么简单。牛仔试图套的那匹马非常女性化，在形态上具有人类女性的特征，线条柔和，温婉可人。不过，广告背景中的马才是最重要的。我认真观察了一下它们的轮廓，意识到它们根本不是马，而是狼，是被巧妙地嵌入到场景中的狼，要是不认真看就很难看出来。多年来，心理学家一直在研究这种模棱两可的视觉刺激，这就是视觉错觉其中的一种，图像实际上是两种物体合二为一。这个原理的设想是，人们对模棱两可的图像可以有不同的诠释，但在同一时间意识中只能感知到其中一个。我们通常看到的是马，但实际上它们也有狼的轮廓，我们的潜意识能够捕捉到这一点。然而，这些隐藏的解释仍然会对大脑产生影响。背景中的狼在无意识中给人们传达了孤独（狼是孤独的）的信息，并引发一定程度的绝望（广告中的狼群正在逼近你），但这种感觉并不足以让你有意识地察觉到。你如何与他人重新建立联系？又该如何应对那一刻被引发的焦虑？从某种意义上说，这便是这则广告的实质，而香烟正是能解决这两个问题的关键。一支香烟既能让你与通过吸烟彰显身份的人建立联系，还能让你以一种社会可接受的方式来应对焦虑。比如采取一种婴儿般的行为，把某样东西放进嘴里，像吮吸奶嘴或拇指一样安抚自己的情绪。

我们都知道吸烟从本质上说是不健康的，烟就是棺材钉，达克当时说得对，即使他是在开玩笑。但为什么达克和那些烟民还要吸烟呢？这其中是不是因为对吸烟有害健康的科学数据还存有质疑呢？这些质疑就像烟草公司与权威的科学工作者相勾结在烟民心里埋下的种子，而被收买的科学家也没有把这绝非平常的利益冲突公之于世。不过，原因还不止这些，欧内斯特·迪希特早就看出来了。吸烟和世上其他事一样，都是由人们对孤独的巨大恐惧所驱动的。在几十年前，这种恐惧感就被独具洞察力的独立心理学实验人员蓄意诱导和操纵起来了。香烟的营销手段就是帮助人们建立联结，如"只要与斯特兰德香烟相伴，你永远不会孤单"；部分原因是基于火这一具有联结影响的、伟大的无意识象征；还有一部分原因则是建立在共享火源、愉悦和缓解紧张的基础上。香烟确实能把人们联系在一起，只是这种方式不好罢了。

我又想起了我的阿格尼斯姨妈住在磨坊的时候，女工们利用休息时间吸烟，既可以远离梳棉间的灰尘和机器的轰鸣，还可以在相对安静的环境中聊天、社交，并在条件允许时抽薄荷香烟来清理肺部。她们可以感觉得到，有了斯特兰德香烟，甚至 Park Drive 或 Embassy 牌子的也行，她们就不会寂寞和孤独，事实也确实如此。阿格尼斯姨妈去世时刚过 60 岁，梳棉间的许多女工也大都在那个年龄前后离世。不管怎么说，她们又都相聚在一起了，团结在一起。"梳棉间的姑娘们""大烟鬼们""好朋友们"，我母亲总是喜欢这么称呼她们，这也是一种看待问题的方式，但显然不是我的方式。

那些颇具洞察力的广告人让潜意识成为焦点，之后又近乎无情地针对和操纵人们的潜意识，只为求得自己的利益。这是对潜意识的直接攻击（尽管当时潜意识在心理学的学术研究中仍不受待见），但任何冲突都肯定有一方会最终获胜，只不过在这场香烟的冲突中，普通男女并未获胜。制造怀疑则是这场冲突至关重要的一环。

他们当时上当了，而且至今还深陷其中。在我看来，这是一场可怕的悲剧。

总结

- 欧内斯特·迪希特将精神分析方法应用于香烟营销。

- 迪希特勇于就潜意识进行思考，并针对性地把潜意识用到市场营销上。

- 迪希特认为，我们需要看穿表象，直达潜意识层面。这不仅能治愈神经官能症，还能通过操纵潜意识进行品牌营销。

- 迪希特建议，如果你想了解人们对产品的想法和感受，就不能直接问他们，精神分析师绝不会问"请告诉我你的神经症症状是什么"，因为这太荒唐了；相反，你需要使用更间接或能激起更强烈情绪的方法。

- 市场调研人员需要站在精神分析师的视角，但要用营销行业的尺度来分析。

- 市场调研人员不能把受访者说的话照单全收，而是需要理解产品在人们生活中的象征意义，需要解读受访者说的话。

- 市场调研人员还需要注意防御机制和投射心理。

- 迪希特指出："我们人类的动机大多是非理性的、无意识的，甚至不为人所知的。这一原则意味着，大多数人类行为背后的动机比表面看起来的要藏得更深，如果用对方法，这些动机是可以被发现的。"

- 迪希特指出，从心理学的角度来看，香烟以几种不同的方式发挥着作用。香烟可以让吸烟者重拾像孩童那样"随心所欲"的感觉。

- 香烟还能提供"打断工作、忙里偷闲"很合理的借口。我们像孩子一样渴望奖励，抽上一支烟就是一种我们可以随时给自己的奖励。

- 迪希特认为，市场营销人员应该利用这种对自我奖励的洞察作为营销活动的基础。

- 然而，这只是迪希特对吸烟行为所观察的心理本质的一部分。一些受访者还表示，吸烟时他们永远不会感到孤独。

- 这是利用了"火"的原始概念，"烟火"是一种温暖的光芒，能激发根植于我们人类进化过程中的远古记忆，让人想起原始时代大家围坐在火堆旁的场景。迪希特的一位受访者说："当我在黑暗中看到火光时，我就不再孤单了。"迪希特补充说："人们还会用香烟来抵抗孤独和寂寞感，这点非常重要。"

- 迪希特写道："香烟的陪伴特性也体现在它可以帮助我们结交朋友上。"这一洞察构成了一系列营销活动的心理基础。

- 迪希特还认识到吸烟还能带来口欲满足，"它就像性欲和食欲一样，是人类的基础欲望"。

- 就像弗洛伊德理论中婴儿吮吸拇指一样。吸烟这种行为不仅是社会所接受的口欲满足方式，而且能发出成熟的阳刚之气和强大性能力的信号。

- 吸烟行为之所以如此强大，是因为它在满足婴幼儿对安全感需求的同时，还能发出象征成年人的成熟信号。

- 迪希特指出，我们还要直面因吸烟产生的心理冲突。

- 迪希特写道："面对快感和罪恶感起冲突的消费者，广告商最重要的任务之一不是推销产品，而是为其提供毫无负罪感地尽情享乐的道德许可。"

- 迪希特还认为，导致人们罹患癌症的不是吸烟，而是对吸烟的罪恶感。他的观点显然是不正确的。

- 迪希特暗示，如果你能毫无罪恶感地吸烟，即"快乐地吸烟"，那你就没事。这是烟草公司广泛且有系统地炮制吸烟与癌症关系不确定的一部分。

- 1953 年 12 月 15 日，美国四大烟草巨头的总裁们与一家公关公司的首席执行官会面，他们旨在挑战吸烟致死的科学证据。他们将通力合作，让公众相信这些对烟的指控"缺乏合理的科学依据"，而最近有关"香烟焦油与癌症"的报道只不过是些"哗众取宠的蓄意指控罢了"。

- 英国非常著名的心理学家汉斯·艾森克认为，吸烟与肺癌在统计学上相关实际上只是个体性格的一种假象。在他看来，某些性格的人更易患肺癌。

- 艾森克通过一个名为"4 号特别账户"的美国秘密烟草基金获得了 80 多万英镑的资助。

- 包括我的家人和朋友在内的很多人，都被香烟的魅力所吸引。是那些备受尊敬的科学家让他们心安理得地继续吸烟，用奥利斯克斯和康韦的话来说，这些科学家就是"贩卖疑惑的商人"。这些烟民中的许多人都死于与吸烟相关的疾病。

09
DOUBT

我们的家园在燃烧

怀疑、心理偏差与气候危机

我盯着电视屏幕上，一位身着休闲灰色格子衫、头发扎成辫子的少女手里拿着几张纸条端坐着，她看上去比实际的 16 岁还显年轻，她身后的大屏幕上写着"世界经济论坛"（the World Economic Forum）几个字。正是这一行字与这位不屑于为镜头打扮的少女形象之间的不协调，吸引了人们的注意。现场一片寂静，她调整了一下麦克风，然后开始发言。她的声音听起来很自信，脸上没有笑容。"我们的家园在燃烧……我来到这里就是要告诉大家，我们的家园在燃烧……"每说完一句简短的话，她都会稍做停顿，然后再重复一遍。她的眼睛不时左右扫视，仿佛在观察听众的反馈，但你能感觉到，任何反馈都不会影响她的信息传达或表达方式。那是一种警惕的观察。接着，又是一阵停顿：

> 根据政府间气候变化专门委员会（Intergovernmental Panel on Climate Change，IPCC）的说法，我们距离错到无法挽回的程度的时间已不足 12 年。在这段时间里，社会各方都需要做出前所未有的改变，包括将我们的二氧化碳排放量减少至少一半。

我仍然盯着屏幕。她给出的信息中没有任何怀疑或不确定，甚至没有用科学话语中概率一类的术语来表述。科学必然依赖于假设和概率，在谈到气候变化时，科学性表述会无休止地使用诸如"极有可能"和"极不可能"之类的术语。政府间气候变化专门委员会自己也有类似的表述：

人类极有可能通过其行为导致气候变化，因为温室气体排放和全球变暖的变化反映了人类活动的重大变化，如工业革命以及土地利用、能源需求和运输方式的变化等。

公众不喜欢这些术语，因为他们理解不了，这也是为什么他们不太关注这个问题的部分原因。这些术语暗示着不确定性、分歧和怀疑，但实际上恰恰相反，科学家们已经就气候变化问题达成了惊人的一致意见。之所以"惊人"，是因为很难在其他任何问题上看到如此高度的科学共识。毕竟，科学是在争议、分歧和差异中发展起来的，这的确是科学的本质，也是科学如何发展、成长和变化的方式。但谈到气候变化，科学家们一致认为，大气中温室气体浓度增加了，这与地球普遍变暖有关。人们一致认为，过去一个世纪以来，平均气温有所上升，而且气温还将继续上升，然后就是这一问题的关键点，即"人类很可能通过自己的行为导致了气候变化"。但批评人士表示，这并非"确定无疑"，不像本杰明·富兰克林（Benjamin Franklin）所讽刺的那样，人生只有死亡和税收这两件事是确定的。对于不习惯概率推理的人来说，这种说法听起来含糊不清。气候科学家也一致认为，气候变化对地球的影响将是严重的，但谈到严重的确切程度，其结论却各不相同。他们模拟了一系列可能的结果，但由于模型中存在不确定性，包括对地球气候系统以及未来人类活动的了解，因此计算出每种可能结果的确切概率变得非常困难。

这就是科学的问题所在，它用概率和可能性来框定一切暗示可能存在的疑问，但那个扎着小辫、用奇怪的眼神扫视众人的女孩却并非如此。

政府间气候变化专门委员会由数百名世界顶尖科学家组成，是负责审查和评估气候变化领域累积的大量科学证据的国际机构。该机构于2007

年荣获诺贝尔和平奖，在过去 30 年里，该委员会发布了一系列报告和"共识声明"，总结了当前气候变化现有知识的状况，虽然不断累积的证据仍然以概率性的术语表述，但却越来越指向一个不可避免的结论。1996 年，政府间气候变化专门委员会得出结论称："证据表明，全球气候受到可察觉的人类活动影响。"在 2007 年的报告中，政府间气候变化专门委员会进一步得出以下结论：

> 人类活动正在改变大气成分的浓度……这些成分吸收或散射辐射能量……过去 50 年来观测到的大部分变暖现象，极有可能归因于温室气体排放的增加。

在 2013 年的报告中，政府间气候变化专门委员会得出结论："气候系统的变暖是毋庸置疑的，自 20 世纪 50 年代以来，观测到的许多变化在几十年到几千年内都是前所未有的……人类影响极有可能是主要原因。"在 2015 年的报告中，政府间气候变化专门委员会进一步得出结论："现在有 95% 的概率确信，人类是当前全球变暖的主要原因。"政府间气候变化专门委员会还根据现有证据指出，全球气温上升将使"物种大量灭绝，全球和区域粮食安全将面临巨大风险……以及对户外种植或工作"产生"严重而广泛的影响"，同时还会加剧极端天气波动，包括干旱、洪水和风暴等。政府间气候变化专门委员会的结论得到了全球 200 多家科学机构的认可和支持，其中包括八国集团（美国、英国、法国、德国、日本、意大利、加拿大和俄罗斯）的主要科学组织，如美国的国家科学院和英国的皇家学会。

此外，越来越多的人亲身体验到了气候变化带来的灾难性影响，包括日益恶化的天气条件，如更频繁的洪水、更强的飓风、更长的热浪、更多的海啸和干旱期。2017 年，世界卫生组织（World Health Organization，WHO）警告说，随着气温上升和降雨量增加，我们需要为因气候变化引发的更多疾病（包括疟疾、登革热和寨卡病毒等蚊媒传染病）做好准备。世卫组织报告称："气候变化每年导致数万人因疾病、高温和极端天气而死亡，气候变化是 21 世纪全球健康面临的最大威胁。"事实上，世界经济论坛（the World Economic Forum）已将气候变化列为人类面临的头号全球风险，其风险甚至超过了大规模杀伤性武器和严重的水资源短缺。

政府间气候变化专门委员会称，有证据表明，人类的能源使用、人口增长、土地使用和消费模式是造成气候变化最重要的因素。目前，人类活动产生的二氧化碳排放量已达到历史最高水平，且还在逐年攀升。据报道，2011 年全球二氧化碳排放量是 1850 年的 150 倍。尽管我们无法消除气候变化已经带来的损害，但我们确实有能力调整自己的行为，以改善对未来可能存在的影响。

尽管人类活动在气候变化因果关系中所起的作用既"明确"又"不断增长"，但公众正在行为上进行大规模的适应和调整的证据仍是缺乏的。事实上，过去 10 年间，针对气候变化进行的科学研究与公众对气候变化的认知及其后续行动之间似乎存在着巨大的脱节。例如，耶鲁大学 2013 年的一项调查发现，只有 63% 的美国人"相信全球正在变暖"。有趣的是，这一比例在 2008 年经济危机的全面影响显现之前，以及 2009 年东英吉利大学（the University of East Anglia）气候科学家的电子邮件被黑客入侵的"气候门"丑闻爆发之前，这一比例曾高达 72%。当时有人指出，科学数据可能受到了一定程度的操纵，而且在这场激烈的"气候变化辩论"中，气候科学家和其他人一样，都有保护自身利益的动机。2010 年，对气候变化的相信比率降至 52%。在 2010 年的一项调查中，近一半的美国人认为全球变暖是自然原因造成的，而不是人类活动造成的，这显然与气候科学家的观点相悖。那个扎着辫子的女孩的出现，旨在纠正这一切。

但现在已是 2019 年了，我正和两个人在大学的办公室里准备收看新闻短讯，一位是来参加辅导的年轻学生，另一位是非常成功的商业精英。这是第二次在大学探讨如何将心理学的见解应用于现实的商业中。我告诉她们，我很想看看这条特别的新闻短讯，话音刚落，新闻就开始了，屏幕上的年轻女孩开始发言。房间里两人的非言语反应截然不同，我可以从她们的脸上看出来：学生面带微笑，点头赞同；商业精英则皱着眉头，在女孩说完后不断地呼着气。她皱了皱眉，然后瞥了我一眼，似乎在寻求支持。

有时你不需要问人们对某事的看法，但我还是问了。

学生首先表态。"我是她忠实的粉丝，"她说，"政客们早就该……"她没有在我们尊贵的客人面前把话说完。我们尊贵的客人又皱起了眉头，然后开始说话。"我们应该怎么做？"她问。

> 关闭所有企业？让世界停止运转？我不确定"我们的家园在燃烧"这样的言论是否真的有帮助。在我的工作中，我们正努力推动经济的绿色发展，为此我全力以赴，与跨国公司和政府合作，但她基本上是在说这些努力都是徒劳的。她不是在鼓励我更加努力，也不是在鼓励我相信自己能够做些什么，而只是在试图吓唬我们，让我怀疑自己的能力，对任何事情都失去信心。

"但她敢于直面政客，"学生热情地说，"告诉他们应该怎么做，这就很好，这种形象很正面。虽然这让人害怕，但这正是我内心的感受。我们的家园在燃烧——这也是我为此感到愤怒的原因。"

"你是说让他们从燃烧的家园里逃走吗？"商业精英说道，"然后抛弃我们中的大部分。你就能明白为什么有些人会选择逃避现实，或者坚持反对的观点了。"

商业精英显得有些生气，尽管她试图用笑声来缓解这种情绪，但她的挫败感和学生的愤怒情绪还是清晰可辨。

怀疑一直是气候变化问题的核心，极有可能预示着在采取措施减轻气候变化的影响方面无所作为。如果对气候问题的真实性有所怀疑，对人类在造成这种现象中的作用有所怀疑，那么这些就都将成为不作为的极佳个人理由。如果你对整件事的真实性存在严重怀疑，你为什么要购买电动汽车或使用公共交通工具呢？再怎么强调气候变化科学的可能性论述也于事无补。这表明，缺乏确定性足以让一些人将它贴上"假新闻"的标签，说它夸大其词、言过其实、受意识形态驱动等。在过去的几年里，出现了许多气候变化"怀疑论者"，尤其是唐纳德·特朗普（Donald Trump）不断指责这些论述是"假新闻"的信息，无疑在他 2016 年那些因煤炭行业衰落而遭受重创的州的竞选活动中，以及在他成为总统后都发挥了极佳的作用。这是前矿工和其他人想听到的信息，这些信息让他们对这种所谓的生存威胁放心，让他们对自己的生计放心，同时也让他们对自己感觉良好，不再像小羊那样跟随羊群追波逐流。这条信息在全球范围内被广泛报道。特朗普多年来一直在社交媒体上谈论气候变化，2012 年 11 月 1 日，他在社交媒体上写道："让我们继续摧毁我们的工厂和制造业的竞争力，这样我们就可以对抗神话般的全球变暖了。"2015 年 2 月 15 日，他又在社交媒体上写道："创纪录的低温和大量降雪。全球变暖到底表现在哪里？"

在我北爱尔兰的家附近，民主统一党（The Democratic Unionist Party）

部长萨米·威尔逊（Sammy Wilson）曾表示，他认为"人为的气候变化是一场骗局"。在 2008 年 12 月 31 日的《贝尔法斯特电讯报》（*Belfast Telegraph*）上，他进一步表示："现在人们对此有些歇斯底里，我不得不说这是一种相当无知的歇斯底里。"他暗示，那些支持气候变化观点的人并不懂科学，也无法解释"二氧化碳排放与他们声称将产生的影响之间的关系"。

就好像同时存在两种既对立又站得住脚的立场，两个都有科学理论的支持。因此，你可以自由选择站队——这是"气候变化"背后隐含的信息。英国广播公司和其他广播公司多年来一直"有责任"在任何关于气候变化的讨论中"平衡"双方的观点。这种媒体"平衡"强化了人们对气候变化科学存在的严重怀疑，许多人喜欢这种"没有生存威胁、没有必要改变、一如既往"的信号，气候变化怀疑论者似乎无处不在。格蕾塔·通贝里（Greta Thunberg）试图用她简单的信息消除所有的怀疑，没有含糊不清，也没有粉饰。但问题是，如果信息的接收者就其是否能做些什么来解决威胁和减少恐惧（就像许多人一样）持怀疑态度，那信息中超量的恐惧（"我们的家园在燃烧"）就不是获得遵从的有效方式。你需要知道你有能力做一些事情（自我效能），你的回应将会对减轻影响有所帮助（反应效能）。如果你对这些事情中的一件或两件都持怀疑态度，你就会找其他方法来处理恐惧。格蕾塔·通贝里现在将这种对气候变化的极度恐惧具体化了（并拟人化了），但普通公民往往对他们是否能做些什么来真正改变现状感到无能为力，他们对格蕾塔和她的信息产生了厌恶。在这种情况下，他们很可能会试图完全回避这个信息，比如拒绝阅读关于气候变化的文章或不看关于气候变化的新闻（甚至当她出现在屏幕上时直接关掉电视），或者更微妙地，不关注文章的特定部分，即使它们就在你面前的电脑屏幕上，这些"特定"部分往往是关于科学和可怕后果的惊人共识。如果气候变化怀疑论者的论点也被提出，也就是说，那些对气候变化提出严重质疑的论点，那么你可能会在这些论点中找到一些安慰。你可能会注意到这些部分，你的眼睛会自动地、似乎无意识地被它们所吸引。然后，你的大脑会处理这些信息，建立你对情况的描述，来确认你长期持有的观点，即气候变化不会影响你，只会影响海外的或未来的其他人。你甚至可能得出这样的结论，这些气候变化的言论是其他人试图操纵你自己的一种结果。这里的"其他人"包括格蕾塔·通贝里本人、政府间气候变化专门委员会和世界各国的政府，那些鼓吹气候变化的人被一些人（包括知名的唐纳德·特朗普）贴上了操纵大师的标签，是损害西方和西方经济阴谋论的一部分。

针对这一主题的研究，我们自己进行了一个心理学实验，被试是大学教职工和学生，要求他们阅读一系列关于气候变化的文章，包括气候变化与英国暴发洪水的关系、与食物短缺的关系，以及与暴力冲突后果的关系等。每篇气候变化文章都包含三个支持气候变化和三个反对气候变化的论点。支持气候变化的论点反映了科学界的共识，即气候变化是真实的，人类活动是气候变化和英国暴发洪水的主要原因，并预测气候变化将导致食物短缺和暴力冲突。反对气候变化的论点基本上是气候怀疑论的论点：气候变化没有发生或被夸大了，且它不是由人类活动引起的；英国发洪水不是由气候变化引起的，气候与食物短缺和暴力冲突之间没有联系。换句话说，就反对气候变化的论点来说是对科学的严重怀疑。所有论点均摘自纸媒和电子媒体，如《卫报》（the Guardian）、英国广播公司新闻网站以及在线博客等。支持气候变化的论点来自新闻报道，这些报道是对政府间气候变化专门委员会关于气候变化的各种报告的深度阐述与总结。支持和反对的论点都经过精心编辑，以确保它们的字数和词频相当。

　　然后，我们使用眼动追踪技术来绘制被试在阅读信息时的眼球注视情况。我们测量了注视次数（个体注视的总次数）、注视时长（这些注视的总体和平均持续时间，以毫秒为单位）和驻留时间（专注于不同部分的总时间，以秒为单位），以对比乐观者和非乐观者对支持和反对论点的关注情况。

　　我们发现，相当一部分受过高等教育的被试跳过了关于气候变化的决定性科学证据及其对地球的影响，反而专注于那些讨论科学不确定性的线索（当然，这些文章在设计时就考虑了平衡性）。事实上，他们有一半的时间都花在了关注这些部分上，即强调对气候变化怀疑的部分。

　　那些性格开朗、乐观的人（通过一种特定的心理测量量表 LOT-R 来评估"特质性乐观主义"）更倾向于专注文章中情感上的"积极"部分，即那些暗示对气候变化仍存在重大怀疑的部分。对于乐观者来说，他们在阅读科学及其影响的概述段落时的注视持续时间明显少于阅读"怀疑"段落时的注视持续时间。这些特质性乐观主义者喜欢通过避免可能破坏他们情绪的消极情绪信息、图像或论点来维持积极的情绪状态。在我们 2017 年发表的研究中发现，非乐观主义者在阅读关于气候变化及其对地球影响的情感上消极但科学上正确的部分时，注视时间更长。

　　图 9-1 展示了两位被试（一位乐观主义者和一位非乐观主义者）在阅读反对和支持气候变化的论点时的个人扫描路径。在这个扫描路径中，圆圈代表对单词的个体注视，较大的圆圈代表较长的注视持续时间。圆圈之间的线条代表眼球的快速运动行为。支持和反对论点的文本被按照主要关注区域分组。

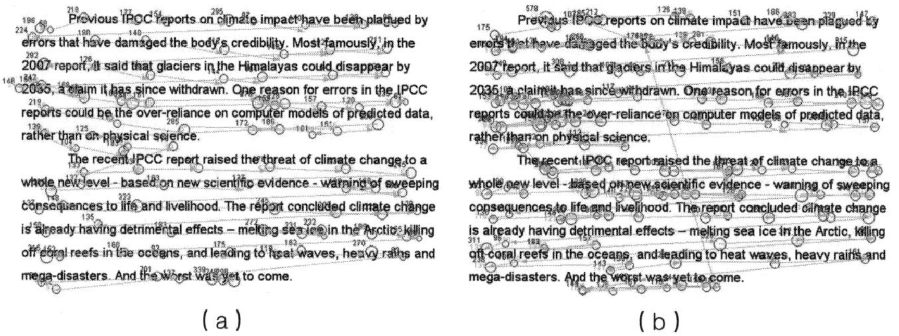

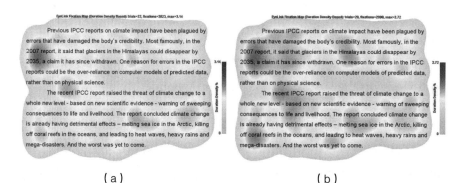

（a）　　　　　　　　　　　　（b）

图 9–1　（a）乐观者和（b）非乐观者在阅读一个反对气候变化的论点（第一段）
和一个支持气候变化的论点（第二段）时的个人扫描路径

资料来源：Copyright 2019 from *The Psychology of Climate Change* by Geoffrey Beattie and
Laura McGuire. Reproduced by permission of Taylor & Francis Group, LLC, a division of
Informa plc.

图 9–2 展示了乐观主义者与非乐观主义者在阅读反对或支持气候变化
的论点时眼球注视的热点分析。在此图中，颜色越深代表注视持续时间
越长。

（a）　　　　　　　　　　　　（b）

图 9–2　一组（a）乐观者和（b）非乐观者在阅读一个反对气候变化的论点（第一段）
和一个支持气候变化的论点（第二段）时的眼球注视热点分析

资料来源：Copyright 2019 from *The Psychology of Climate Change* by Geoffrey Beattie and
Laura McGuire. Reproduced by permission of Taylor & Francis Group, LLC, a division of
Informa plc.

当要求被试在阅读文章后对文章进行总结时，非乐观主义者更倾向于从气候变化的证据角度来描述他们对文章的理解，如"这篇文章是关于全球变暖的，其中95%是由人类活动引起的"，他们中有三分之二的人是这样描述的；另一方面，特质性乐观主义者虽然对支持气候变化的论点注视较少，但对关于怀疑和"不确定性"的部分注视较多，他们更可能将文章描述为两种对立观点之间的辩论，如"文章是关于气候变化的，试图理解气候发生了何种改变，但存在不同的观点"，他们中有三分之二的人是这样描述的。换句话说，我们从关于气候变化的文章中记住的内容受到我们个性的影响，这种个性会影响我们对消息积极或消极方面的瞬时注视。在这种情况下，特质性乐观主义者被怀疑所吸引。

我们还考虑了特质性乐观水平与所谓的乐观偏差程度之间的关系。乐观偏差是一种你高估了自己在生活中遇到好事的概率的偏差，并低估了遇到坏事的可能性。根据英国认知神经科学教授塔利·沙罗特（Tali Sharot）的说法，大约80%的人在生活的许多方面都受到某种形式的乐观偏差的影响——他们会相信自己的婚姻一定会成功（他们说，只有别人的婚姻才会失败），自己的创业一定会成功，并且自己会活得比其他人更长久、更充实。这种不切实际的乐观似乎相当普遍，不仅影响我们的人际关系，还影响我们对财务、工作和健康的态度。例如，即使吸烟三四十年，青少年吸烟者质疑自己是否会死于吸烟的可能性是非吸烟者的2.5倍，而成年吸烟者质疑这一点的可能性则是非吸烟者的3倍。当涉及吸烟或气候变化问题时，这种乐观偏差可能会产生致命的后果。乐观偏差已被发现存在于一系列环境问题中，如对特定环境危害（如水污染）造成的健康损害风险的评估中，以及与气候变化相关的评估中。一项涉及18个国家的大型调查显示，人们认为自己在面临一系列环境问题所可能带来的后果时会比其他地方的人更安全，也比未来几代人更安全。换句话说，他们既表现出空间偏差，也表现出时间偏差。

乐观偏差似乎与处理相关信息的特定认知偏差有关。一项行为神经科学研究就利用功能性磁共振成像（fMRI）对被试在评估自己经历一系列负面生活事件（包括阿尔茨海默病和入室盗窃等）可能性的过程中的大脑活动进行了一系列测量。在每次单独实验后，研究人员都会向被试展示与他们类似的人发生该事件的平均概率。研究人员发现，只有当新信息比被试最初预期的要好时，他们才更有可能改变自己的预估。这种偏见反映在他们的功能性磁共振成像数据中，乐观主义与额叶皮质关键区域（前额叶右下回）中比预期更消极的未来信息的神经编码水平降低有关。他们还发现，与特质性乐观水平较低的被试相比，那些特质性乐观水平最高的被试在追踪该区域的新负面信息方面表现明显较差。换句话说，乐观偏差部分无法系统地从新的不良信息中学习，而这种偏差在特质性乐观水平最高的人中最为明显。

我们在研究中发现，乐观偏差在很大程度上受到性格乐观的潜在水平的影响。例如，我们研究中的乐观主义者认为他们个人受到气候变化影响的概率为 36.5%，而他们认为其他人受影响的概率为 52.8%，未来几代人受影响的概率为 76.4%。对于非乐观主义者来说，这些数字普遍更高——56.8% 的人认为自己会受到影响，68.5% 的人认为其他人会受到影响，84.1% 的人认为未来几代人会受到影响。即使是非乐观主义者，似乎也在一定程度上存在乐观偏差，他们认为自己受到气候变化影响的可能性低于其他地方和未来的其他人。但样本中的乐观主义者对此尤其漠不关心，他们认为自己受到影响的概率约为三分之一，即低于 50%，这个数字可能具有重要的心理象征意义。

当你意识到成功的企业家和商业领袖往往是（高度适应性的）乐观主义者时，这些实证结果可能会令人更加担忧。事实上，有些人认为它是创业成功的关键心理因素。这也可能让人担忧，因为有一个庞大的成功学领域一直在致力于培训人们，使其变得更加乐观。在过去的三四十年间，我们一直在努力提高社会的乐观情绪，因为它对健康有益（通过积极心理学和重视"积极思考的力量"的文化）。毕竟，正如马丁·塞利格曼（Martin Seligman）一贯主张的那样，乐观对个体来说是非常有利的，因为它对心理和身体健康都有显著的影响，并且是在进化过程中被选择出来的。有证据表明，乐观主义者的寿命明显更长，他们死于心脏骤停的可能性也要小得多，乐观主义还能延长癌症确诊后的生存时间。乐观通过减轻对未来的压力和焦虑来做到这一点，因此乐观主义者具有更好的免疫功能。对未来持积极信念还会鼓励个体（在某些领域，特别是他们可以控制的一些领域）以实际可行的方式行事，从而成为一种自我实现的预言。

虽然对未来的负面生活事件进行低水平预估可以降低我们的压力水平并延长寿命，但有时确实需要就实际发生的负面事件（如气候变化）进行思考。一旦忽视严重风险，乐观偏差可能就会变得非常危险。一些"积极思维的力量"的批评者认为，我们对未来抱有不切实际的期望，已经在西方社会产生了一种深刻而危险的社会心理变化。他们还认为，这实际上"破坏了应对全球恐怖主义、金融泡沫或气候变化等真正威胁的准备"，因为公众"没有能力或倾向去想象最坏的情况"。

乐观可以是一件积极的事情（尤其是在个人层面），但就像任何事情都有其局限性一样，过度乐观可能是非常有害的。也许是时候对这种压倒一切的文化焦点进行重新评估了，并找到一种新的方法，足以让公众随时随地对可能最坏的情况进行考虑或想象。

D怀疑：破解天才困惑与凡人焦虑的心理谜题
oubt: A Psychological Exploration

    人们试图把头埋在沙子里逃避现实的想法和行为有时会很明显，有时却不尽然，我们的眼动追踪研究发现了另一种回避活动。与其说把头埋在沙子里，不如说人类大脑从气候变化文章中积极地寻找一些积极的情感部分。就气候变化而言，这些积极的情感部分都与对气候变化的怀疑、对研究结果夸大的怀疑以及争论有关，这或多或少是一种完全的反叙事。唐纳德·特朗普和其他气候怀疑论者更进一步，将其变成了一个完全相反的说法。他们不仅质疑科学，还声称可以揭露背后的黑手，即"假新闻"——政府间气候变化专门委员会（"仅仅是傀儡"）、某些政府——所有这些都是为了摧毁西方企业（特别是摧毁美国企业）而存在的。我们可能不喜欢唐纳德·特朗普或他的政治（或政治手段），但令人不安的是，有时我们可能会仔细阅读他那些同道中人（如果不是唐纳德·特朗普本人）关于气候变化的论点，以安抚我们自己的情绪状态，甚至会比阅读关于气候科学和气候变化后果的文章更仔细。这么看来，怀疑似乎是绝佳的避难所。

    但还有一个因素我们必须考虑，即相信气候变化科学的人和不相信的人似乎有着根深蒂固的文化、政治和宗教信仰，这不仅仅是科学和科学知识的问题。几年前，斯蒂芬·平克（Stephen Pinker）在与比尔·盖茨（Bill Gates）的谈话中提到了这一点，他说：

>   理性的最大敌人之一就是部落主义。当人们认同某种意识形态时，他们会吸收支持自己先入为主观念的证据，并过滤掉与自己观念相悖的证据。与大多数科学家认为的"对气候变化的否认是科学素养低下的结果"相反，这其实完全与科学素养无关。对"人为气候变化"持相信态度的人对气候或科学的了解并不比否

认它的人多，这几乎与左翼与右翼的取向完美相关。而走向更加理性的道路将使他们摆脱束缚，让证据来揭示和告知他们最佳的政策应该是什么。

由意识形态立场所造成的这种分歧统计数据令人震惊。安德鲁·霍夫曼（Andrew Hoffman）在其所著《文化如何影响气候变化辩论》（*How Culture Shapes the Climate Change Debate*）一书中指出，1997 年，47% 的共和党人和 46% 的民主党人认为气候变化已经发生。换句话说，两党的百分比几乎相同。到了 2008 年，这一数字出现了巨大分歧，持这一观点的共和党人减少到 41%，而民主党人则大幅增加，达到 76%。到 2013 年，这两个数字之间的差距进一步拉大，分别为 50% 和 88%。霍夫曼说，1997 年后在意识形态上出现这种两极分化的原因是《京都议定书》（*Kyoto Protocol*）的签订，这是第一个减少温室气体排放的国际协议，得到了美国克林顿政府的支持。此后几年，媒体对气候变化对政治和经济影响的关注急剧上升。2011 年，阿龙·M. 麦克赖特（Aaron M. McCright）和赖利·E. 邓拉普（Riley E. Dunlap）报告说，仅 1997 年就有 166 份批评气候变化科学的文件，1989 年至 2010 年间出版了 107 本否认气候变化的书籍。据霍夫曼说，其中大多数都与保守派智库有关联，而且值得注意的是，其中 90% 没有经过同行评审，所有这些出版物都提出了怀疑的问题。

霍夫曼的这本书提醒我们，经济（和政治）因素与心理学之间有着千丝万缕的联系，心理学同样是世界的一部分，而不是与世界分离的异域。旨在减少温室气体排放的《京都议定书》对美国能源部门和工业产生了重大影响，并引发了反宣传活动。当我们考虑吸烟与癌症之间的关系以及人类活动与气候变化之间的关系是如何都被转变为"科学辩论"时，我们被拉入了更复杂的境地，两种观点呈现出共存，并实际上处于完全不同的世界的状态。英国广播公司和其他媒体通过让双方代表发言，强化了关于气候变化的"辩论"概念。这有时看起来似乎是最公平的做法（尽管"气候怀疑论"的"科学"并没有经过同行评审过程，而这正是科学本身的基础）。有人可能会认为，当观众听到双方的论点时，他们可以理性地做出自己的判断，但这忽略了情感和情绪在指导人类行为中的基本作用，以及乐观偏差和在面对即将到来的坏消息时试图保持乐观的重要性。他们面对的是一个极其令人恐惧的信息（实际上是一个存在性信息），但却觉得自己无能为力。辩论中的平衡意味着怀疑被当作事实，出于本能和潜意识，许多人的思想被这种信息所吸引，这对他们的记忆和脆弱感受产生了影响。

显然，怀疑可以被用作武器。当你的家园在燃烧而你本人却什么都不做时，你可以解释说你做什么都无济于事。当我们需要的时候，我们可以紧紧抓住怀疑不放，因为在某些情况下，它可以给我们带来很大的安慰。它可以让我们将自己的视觉注意力从令人不安的信息上移开，将我们本能的情感导向行为合理化（还有什么比地球温度进一步上升更令人不安的呢）。它将一种清晰的情感反应转变为看似理性的行为，让我们看起来好像能够控制自己的行为，而我们似乎也很喜欢这种表面上的控制感。

怀疑是气候变化这个紧急情况的核心，而且它以各种不同的形式出现：一是用概率表达的科学语言，在实际上不存在怀疑的地方暗示了怀疑；二是我们个人能做什么的个人怀疑，以及由此产生的低自我效能感，让我们感到无能为力；三是气候变化领域存在反叙事现象，主要由大型能源公司推动，他们提出与主流观点相反的"科学"立场，从而引发了对气候变化存在及其性质的怀疑；四是普通公民往往会预先回避气候变化的令人不安的坏消息，即使这些令人不安的科学信息就在他们面前的电脑屏幕上；我们似乎会不由自主地被这些文章中的怀疑论调所吸引，而没有明显的有意识反思，无论这些怀疑在科学上多么站不住脚；在气候变化问题上，怀疑显然已经被用作武器，但这种满载火药的武器需要被解除；我们需要更明确地对气候变化科学进行表达，并传达一个更清晰的信息，说明我们都能做些力所能及的事；格蕾塔·通贝里的信息清晰明确，但并未为我们所有人提供具体的行动建议，这反而让我们严重怀疑自己在减轻气候变化影响方面的自我效能；气候变化相关的科学必须形成对我们这样强大而受过教育的人的行动刺激，需要我们仔细考虑并做出回应，而不一定是不惜一切代价想要去避免的厄运预兆；如果我们对自己产生怀疑，那么就会始终被任何关于气候变化存在性的怀疑论调所吸引，从而过度乐观。

因此，学会更有效地处理怀疑可能是让公众正视气候变化的关键，也是我们生存的关键。

总结

- 气候变化是我们人类有史以来面临的最大问题。
- 怀疑是气候变化这个紧急情况的核心，而且它以各种不同的形式出现。
- 关于气候变化，有一种是用概率表达的科学语言，在实际上不存在怀疑的地方暗示了怀疑。
- 对我们个人能做什么所产生的个人怀疑，以及由此导致的低自我效能感，让我们感到无能为力。
- 气候变化领域存在反叙事现象，主要由大型能源公司推动，他们提出与主流观点相反的"科学"立场，从而引发了对气候变化存在及其性质的怀疑。

- 普通公民往往会预先回避气候变化的令人不安的坏消息，即使这些令人不安的科学信息就在他们面前的电脑屏幕上。

- 我们似乎会不由自主地被这些文章中的怀疑论调所吸引，而没有明显的有意识反思，无论这些怀疑在科学上多么站不住脚。

- 在气候变化问题上，怀疑显然已经被用作武器，但这种满载火药的武器需要被解除。

- 我们需要更明确地对气候变化科学进行表达，并传达一个更清晰的信息，说明我们都能做些力所能及的事。

- 格蕾塔·通贝里的信息清晰明确，但并未为我们所有人提供具体的行动建议。这反而让我们严重怀疑自己在减轻气候变化影响方面的自我效能。

- 我们需要解释并展示，我们每个人都能对温室气体的排放产生影响。

- 如果我们对自己产生怀疑，那么就会始终被任何关于气候变化存在性的怀疑论调所吸引，从而过度乐观。

- 如果我们不在这个问题上战胜怀疑，我们的生存将受到威胁。

10

DOUBT

结语

怀疑的力量与心理探索的旅程

本书是对"怀疑"这一概念的深入探索，它是绝大多数人类最普遍的特质。我从一开始就认识到，"怀疑"即对某事或某人缺乏信心或具有不确定性（包括自我怀疑），它不仅是科学、法律、伦理、政治和哲学的核心，还是我们自身特质的核心。我还强调，怀疑既可以是一种保障机制，也可以是一种令人分心的可怕力量，其中包含着许多二元对立面，使其摇摆不定——它可以是理性的，也可以是非理性的；可以是系统的，也可以是随机的；可以是健康的，也可以是病态的。例如，我意识到强迫症就常被视为"怀疑症"的一种。我试图探讨其中的一些问题以及人们生活中产生怀疑的一些表现，因此我采用了回忆录、自传、传记、私人信件以及对群体进行的民族志观察，有时也结合了反思和自我分析等方法，甚至还利用了更广泛的通则式心理学文献来帮助我理解和解释所发现的内容。

怀疑极具个人色彩，因此，我们需要采用个案研究的方法来近距离观察怀疑在实践中的应用并记录它。有时，怀疑会被个人明确表达出来，有时则不然，这时就需要根据人类行为的特定模式进行推断。例如，我在书中则对自信满满的巴勃罗·毕加索的研究进行了说明。好的传记有时会为我们指明现象的方向，然后我们就需要开始分析过程。怀疑具有理性和非理性两个方面，我曾在诸如卡夫卡、荣格、毕加索、图灵和保利娜·罗斯·克兰斯的案例研究中试图展示这一点。在这些案例中，我们有时可以看到怀疑的两面性（作为理性思考的工具和作为非理性干扰因素）往往是紧密联系在一起的。有益的怀疑可以推动进步，但更普遍的怀疑反而会抑制进步。事实上，怀疑甚至可能抑制生命本身，这就是怀疑的魅力与复杂之处。稍加反思你就会明白，那些在个人脑海中一闪而过、顽固曲折的怀疑具有不同的特点，有时在我们反思它们时，它们会改变形式，甚至以更实质性的方式呈现。我希望书中能列举出伟大的科学家和艺术家，包括伟大的心理学家，因为怀疑有时能激励他们前进。但随后，这一怀疑的过程蔓延开来，导致了意想不到的后果，如对基督教的拒绝（精神分析学家荣格的例子）、对自我价值的否定（心理学家保利娜·罗斯·克兰斯的例子）、对风险的毫不在意（图灵的例子）、对能动性的否定（卡夫卡的例子）、对科学的否定以及对神奇思维作为预测和控制的替代形式的绝望坚持（毕加索的例子）。我想通过这本书记录怀疑的这种关联性，同时也能像谢菲尔德的那家拳击馆一样，"治疗性"地解决怀疑，给那些年轻拳手在拳击这一艰难而残酷的世界中一线生机。我还想展示那些既得利益者如何利用怀疑来操纵我们，如关于吸烟与肺癌之间的关系，或者关于气候变化科学有效性的争论。我认为，这两种操纵怀疑的情况都是特别可耻的。

"怀疑"是一个高度个人化的、非常广泛的概念，不仅与人们的生活紧密相连，而且是一个全新的、艰难的领域，因此，本书总是被称为"心理探索"。看起来很少有人能完全摆脱怀疑，当你仔细观察时，你会发现，即使是最有影响力的作家、艺术家和科学家，在他们的生活中也能发现怀疑的影子。荣格将怀疑视为完整生活中不可或缺的一部分，是推动人类思想和行动的最重要动力之一；而弗洛伊德则将怀疑视为由相互冲突的本能冲动所引发的强迫性神经症的症状。鉴于"怀疑"这一概念的广泛性，会出现如此截然不同的观点也就不难理解了。我探讨了怀疑在荣格自己生活中的作用以及他是如何得出这些结论的。他自己的怀疑起源于一场梦，而梦——尤其是奇幻的梦——属于潜意识的领域，荣格在他的自传中与我们一同探讨了这一领域。然而，我确实是在更为平凡和熟悉的环境中开始这本书的特殊心理（和地理）之旅的——在布拉格的一个家庭住宅中（尽管不是普通的家庭，有卡夫卡笔下的那位"令人厌恶的暴君"父亲），或者在贝尔法斯特郊外春雨绵绵的山坡上，当时我正努力决定中学第四年要学习什么科目。我的生活平淡无奇，但众所周知，非常平凡的环境和生活有时也会引发各种重大的心理问题。我确信，正是在那座山上，我第一次产生了自己怀疑的问题。与卡夫卡不同的是，我不能把怀疑归咎于任何人，我的家庭没有"令人厌恶的暴君"。据我所知，我也没有性心理发展的异常（与弗洛伊德的理论相反）。这只是我人生中一个非常重要的决定，因为我出身低微，家境贫寒，而且我对专家给出的建议早已失去了信心，因为我父亲过早地死在手术台上，死在了溅满鲜血的塑料布上。就是那时，我第一次把一个比我同龄人更重要的人所做的决定变成了一场有意识与怀疑的斗争。自我反思告诉我，由于父亲的去世，我不再相信"专家"——医生、外科医生甚至我的老师几乎所有的权威人士。那么，谁能给我建议呢？我开始怀疑，并发现我很难再接受建议了。这似乎一直伴随着我，有时这又相当有用。因为我不一定会全盘接受重要"权威"的意见，我会自己做决定。

但不幸的是，我的疑虑并未止步于此，而是泛化到了最微不足道的决定上，比如在超市挑选一罐豌豆时的尴尬拖延，以及我父亲去世后我开始出现的各种现在看来像是强迫症的行为。我会踏上我的滑板车从公园的大门口一直滑到头，然后再滑回来，总共 12 次，且每次都要大声数出来，无论天气好坏，无论街上是否有小混混，甚至北爱尔兰发生动乱，都无法干扰我每天晚上去公园溜滑板车。后来，我又开始跑步，同样具有强迫性，同样必不可少，同样没有间断过。在贝尔法斯特跑步时，我曾被石块击中，也曾穿越过那些虽虚设但却真实存在的"和平线"，这些线标志着贝尔法斯特工人阶级的界限。毫无疑问，鉴于我早年经历的那场失去亲人的悲惨遭遇，我内心深处充满了普遍的焦虑，也是我怀疑的支撑，但我现在只记得在山顶上的那段时间的情景。这种焦虑在时间和地点上被具象化和本地化了，它成了我们家族故事的一部分，成了我们的民间传说的一部分。"你还记得那次我们家的杰弗里拿不定主意是学生物学还是学拉丁语吗？"每当提起此事，大家都会笑起来。我从山上回来时浑身湿透，却仍然不确定要学什么。于是，这件事成了我性格的一部分。我后来继续攻读博士学位，并最终成为一名学者，但和许多学者一样，我也曾多次感觉自己像个冒名顶替者。我对此秘而不宣，只是更加努力地工作予以弥补。尽管有些人可能不这么认为，但冒名顶替综合征的确在男性和女性中都存在。冒名顶替综合征的影响可能非常严重——有些人似乎因此变成了工作狂，而有些人则自我设限，以确保自己永远不会成功。冒名顶替综合征给人造成的心理损害不容小觑。

然而，并非所有人都疑虑重重。来自谢菲尔德的琼和她的丈夫汤姆曾数次与外星人亲密接触，但他们毫不怀疑自己所经历的一切。我参考了费斯廷格及其关于认知失调的研究，以及伍菲特（Wooffitt）关于人们如何将奇异或超自然经历报道为"正常"且可信的日常报告研究，来帮助我理解他们的行为。毕加索的生活中似乎也没有任何怀疑的影子，包括对自己伟大的怀疑。但在这里，我不得不变身为一名心理侦探，更深入地对他的行为以及他（许多）情绪爆发事件中的一两次进行探究。我在毕加索这里看到了迷信思维的证据，这是一种消除怀疑的迷信行为，这种完全不同的信仰体系让他感到安心并处于控制之中。也许这就是为什么他意识中表达的怀疑似乎已经消失，但他的行为却依旧透露出很多怀疑的原因。怀疑依然存在，只是被他的自我表现策略稍稍掩盖了。

艾伦·图灵的才华有目共睹，备受赞誉，但如果要用一个词来形容他的一生（以及那场可怕的悲剧），那就是心理变化和适应。作为一名伟大的数学家，他的学术和职业成功带来了自我效能感的提升，这种感觉让他相信自己无论在哪个领域都会成功（并且他会预测出事或出错的可能性）。图灵最终发现自己置身于一个陌生的社交世界，那是曼彻斯特牛津路较暗一端的同性恋者聚集地，工人阶层的小伙子们试图在这里赚点小钱，但对于当时的图灵来说，也许确实需要一些怀疑，以及对人们动机和看法的更好的社交理解。我们都知道那个悲惨的结局。但也许这是一个关于消除所有怀疑会把你引向何方的故事。

我想知道是否可以消除怀疑。我没有去找那些可能被视为专家的人，比如咨询师或临床心理学家，我去找了一位体育教练——布伦丹·英格尔，用他的话说他自诩为"儿童学教授"。布伦丹·英格尔出生在都柏林的一个贫困家庭，他虽没有受过教育，但非常出色。他会让他的年轻弟子们在发霉的拳击馆里排好队，当着大家的面唱儿歌，直面朋友们一遍又一遍的戏谑和嘲笑。这种拳击文化实际上是一种变革，我亲眼看着怀疑消失，不一定是立刻，但年复一年慢慢消失了，这是我进行的一项长期观察研究。现在，拳手们摆脱了怀疑，其中一些人成了著名的拳击手，甚至有一两位成了世界冠军，但有时会伴随着可怕的个人代价，比如其中一些拳击手傲慢得令人恐惧。

紧接着，我思考了怀疑是如何首先被烟草公司，其后被能源公司所利用，制造关于吸烟与肺癌之间关系的怀疑，然后是对气候变化科学性的怀

怀疑：破解天才困惑与凡人焦虑的心理谜题

Doubt: A Psychological Exploration

疑。这两件事都很阴暗，造成了非常严重的社会后果。我也就"为什么以这种方式利用怀疑对我们个人、家庭、社会和整个人类都是有害的"（我知道这听起来有点夸张，但气候变化就是这么重要）进行了深入的探究和思考。

将一本书称为"心理探索"的美妙之处在于，这段旅程可能不会在短时间内结束，显然还有很多东西有待探索。怀疑显然并非全然有害或全然有益，它存在于人们的生活中，有时保护他们，有时惩罚他们。当怀疑施加惩罚时，真的很伤人。正如我们所见，怀疑可以从不同的源头产生，但它如何成为我们自我认同的一部分和我们生活中的一个反复出现的特征，还有待更充分的探索。有时，严重怀疑的首次发作可以追溯到特定情境中去，比如"困难"的学业决定、特定的创伤事件（对毕加索而言）、特别轻蔑的父亲评价言论（卡夫卡的例子）、新的具有挑战性的学术经历（对保利娜·罗斯·克兰斯而言）、梦境（对荣格而言），但有时却无法如此清晰地定位，比如代代相传的对失败的恐惧，或由特定育儿方式引起的逐渐显现的冒名顶替综合征等。但即便这样，怀疑仍然可以主宰我们的生活。

怀疑与我们心理学研究中涉及的许多方面都有关联，如强迫症、焦虑、迷信思维、自我效能、身份认同、社会交往、育儿方式、成就动机和对失败的恐惧。在那些怀疑被故意用作策略的领域，也可以看出怀疑的重要性，比如利用怀疑来推广吸烟和对气候变化的不作为，这两个领域对心理学来说更加重要，因为它代表着成瘾和行为的改变。"怀疑"似乎是许多心理学领域的核心概念，但奇怪的是，它在过去一直被心理学家们忽视了。考虑到怀疑无处不在的性质和深远的影响，这一点尤其令人惊讶。然而，小说家、作家和艺术家们却没有忽视怀疑，他们用它来让我们窥见自己角色的内心，甚至窥见自己的内心。他们认识到，怀疑是我们身份的重